超速寫作

30秒寫出攻心關鍵句，零基礎也能成為文案行銷高手

呂白——著

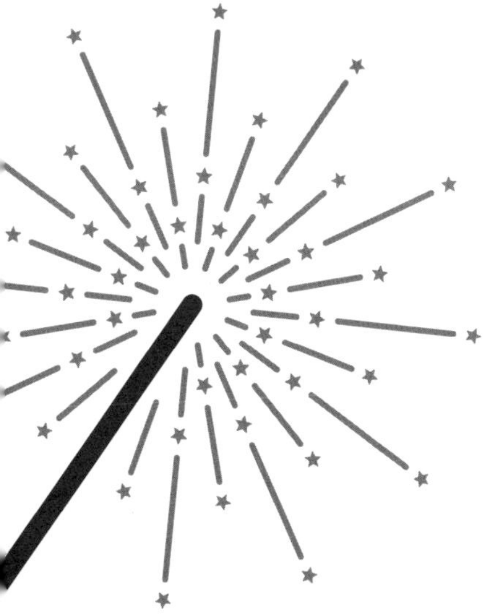

推薦文

寫作變現的時代

李洛克（「故事革命」創辦人）

時代已經不同了，我在學校演講時，那些立志寫作的學生們心裡最擔憂的一件事，就是寫作會餓死。

當然，我自己還有我身邊的作家朋友們心裡都默默知道，寫作不只不會餓死，還大有利可圖，只是這件事說來太功利，導致許多作家都是祕而不宣。

但《超速寫作》卻在書裡開宗明義講了——寫作，就是個賺錢的本領，作者呂白還鼓吹大家套用他整理出的寫作規律和變現方法，立刻實現寫作賺錢。這雖然聽來有些不可思議，卻是自媒體時代的真實情況。

你不必是俊男或美女，你不用口齒伶俐、能言善道，只要有大腦跟一個社群帳號，能用文字妥善表達你的觀點，你都可能變成下一個意見領袖。

全書章節分為五大部分：選題、標題、結構、爆點、變現。我一看書的架構，就知道作者的確是個實戰派的文手。

想要寫出爆紅文章，首重選題。小米創辦人雷軍說過：「站在風口上，豬都會飛。」一篇文章能貼著時事，或是社會趨勢的共感，甚至是大有爭議的事件，文章的吸引力已經先占了一半的功勞。

再來是標題。我常講一句話：「好的開頭不是成功的一半，而是成功的全部。」無論你的文章寫得多麼感人肺腑、擲地有聲，但如果讀者看了開頭就不想看了，那後面再好也都是零，因此寫出引人入勝的標題更是爆文的關鍵。

結構，則是透過編排讓讀者想一路看下去，就像是大隊接力的接力棒一樣，選題與標題打下的功勞，必須確實一棒一棒地傳下去。結構也像是大樓的鷹架，能幫你把大樓平平穩穩地蓋完，避免虎頭蛇尾。

然後是爆點。爆文如同一場精彩的電影，一定有一個出人意料的高潮。這個部分作者則是用金句與故事為文章打造爆點。

最後的變現方法，當然是你必須有寫爆文的能力後，才有變現的能力。我很喜歡電影《三個傻瓜》裡的一句台詞：「追求卓越，成功自然會追著你跑。」當你有信手拈來爆文的能力，變現的方式不用你煩惱，自然有人搶著與你合作變現。

我自己就曾經寫過一篇〈別用瞎扯倡導對的事〉，三天內就破了百萬觸及，之後採訪、邀課、出書邀約等絡繹不絕。親身感受過爆文的威力，我可以肯定地說，現在就是寫作變現的時代。

如果你也想透過寫文章建立自己的影響力，這本《超速寫作》絕對是你極好的起點。

推薦文

關於文案賺錢，後悔太晚讀到這本書

鄭俊德（「閱讀人」創辦人）

這是一篇推薦文，但我不鼓勵你買，如果你壓根沒有想過賺錢，也不想要年薪超過百萬，如果你很滿意現在渾渾噩噩的生活，不上不下的薪資，那麼下面我要介紹的內容，你可以直接略過。但如果你想透過文案賺錢，而且是賺很多的那種，那麼請先把這篇推薦文看完再說。

在我打開這本書讀了幾個章節就後悔了，後悔太晚讀到這本書，另外更覺得作者怎麼可以把賺錢的祕密這樣寫出來，這樣不就滿街都是文案高手了。

例如，我把書中幾段爆紅標題挑給你看：

只需兩百塊，讓你看起來年薪兩百萬

那個躲在廁所裡吃飯的孩子，後來怎麼樣了？

為什麼現在的男人恨不得你快嫁？

你看完是否內心蠢蠢欲動，想知道更多呢？但作者就是不告訴你，要你點開標題，才能找到答案。如果你會想知道答案，那麼你已掉進作者的標題套路了。

為什麼我會推崇他的這本書？不是因為他現在平均月薪五萬人民幣（約合二十萬台幣），也不是他大學畢業三個月就買了房。而是原本的他每篇文案連五十元人民幣（約合兩百元台幣）都賺不到，在他找到正確套路後，每個月收入五萬元起，而他的賺錢方法都寫在這本書裡頭了。

五十元到五萬元，這中間剛好一千倍的落差，他到底做了什麼樣的努力？找到什麼方法呢？

因為大學時到企業實習的機會，打開了他對商業文案的眼界，對比公司前輩的作品，他深感自己的不足，立下要破解當中的關鍵，於是花上好一段時間研究了各大網站五千多篇瘋傳的爆紅文章，並將它們的選題、標題、文章架構、開頭、結尾一一拆解。

分析後更了解到，原來文案創作不同於文學創作，不用比文采也不需要有天賦，而是在正確的套路方法下，就能打造幾乎篇篇爆紅的文案作品。

我本身經營閱讀人社群，寫作至今也有過幾篇爆紅的體驗，現在基本上每天都能創造數十萬人瀏覽的作品或是影音，當然也寫過數篇原創作品達到百萬瀏覽的爆紅紀錄。當我看完這本書才發現，原來我莫名其妙地做對了其中幾招套路。

舉例來說，我過去曾寫過一篇〈搶購衛生紙前，你應該要知道的一些事〉這篇文章剛好搭上時事議題，針對為什麼該搶衛生紙與不該搶衛生紙的原因，做了條列式的比較與分析。後來除了創造百萬瀏覽外，更有許多媒體來訊要求轉載，引發更大的擴散效益。這篇文章爆紅的關鍵剛好就是書中提到的「改編熱門事件」、「簡單盤點和梳理事件」。

讀到這裡，如果你想知道怎麼寫標題，作者要告訴你「引起讀者興趣的八種標題寫法」；如果你想造打造讓人印象深刻的金句，作者要告訴你「三十秒寫出金句的四個模板」，以及為你的文章錦上添花的祕訣。

最後，如果你想要成為文案高手，並且期許自己能夠年薪破百萬，那麼可以試試看這本《超速寫作》，只要花幾百元就能買到百萬收入的祕密，我實在想像不到，天底下為什麼有這麼划算的事情？

推薦文

掌握讀者思維，成為新時代的寫作者

鄭緯筌（《內容感動行銷》作者、「內容駭客」、「Vista Cheng」網站創辦人）

無論從什麼角度來看，二〇二〇年絕對是極其特別的一年。受到新冠肺炎疫情肆虐全球的衝擊，一夕之間，在家上班（Work from home）不再只是時髦、前衛的名詞，而是一種真實的日常，也讓我們不得不正視無情時代的巨變。

也許您會想要問我一個問題：疫情帶來的巨變著實很可怕，那麼，有什麼方法可以自我精進，不會被無情的時代所淘汰嗎？

答案是肯定的，一如英國前首相邱吉爾（Winston Churchill）所言：「不要浪費一場好危機。」要知道，每一次危機都隱藏著偌大的機會。伴隨愈大的危機來襲，背後的機會往往也愈大。若能好好把握時間進修，除了增進自我的學養，更有機會突圍並取得更好的發展。

特別是在這個講求跨領域發展的年代，溝通表達的能力變得更加重要！也因此我時常鼓勵寫作班的同學們，不但平時要多涉獵書籍和報章雜誌，更應該好好思辨，同時把自己的想法、觀點，具體輸出成一篇又一篇的文章（當然，如果想要製作成影片或 Podcast 也很棒）。

近年來，我常在兩岸三地教授內容行銷與文案寫作等課程，也結識許多熱愛寫作的朋友們。因為工作的緣故，看遍了各種與寫作主題相關的書籍，其中《超速寫作》這本書就讓我留下了深刻的印象。

老實說，這些年來我看過很多寫作教學的書籍，可惜太多都在談理論和概念，很難手把手地指引讀者寫出自己的一片天。話說回來，這也是我為何從去年元月開始推動「Vista 寫作陪伴計畫」的初衷。

本書作者呂白雖然很年輕，卻擁有豐富的新媒體文案寫作經驗。他曾任騰訊產品經理、千聊大師寫作課主講人以及媒老闆新媒體商學院導師，還同時身兼多個新媒體公眾號顧問的工作，可說是相當活躍。

赫然發現這位年輕作者的背景，似乎和我有幾分相像呢！我們都曾經在知名網路公司當過產品經理，或許因為有過這段歷練，所以他的文章不只寫得好，更能用開發產品的思維來換位思考和揣度人心。於是，寫出超過百篇十萬瀏覽量的瘋傳文章以及數十篇瀏覽量達百萬的爆紅文章，也就不令人感到意外了。

作者在本書中含括了標題、選題、開頭、結構、故事、金句與結尾等七個方面的寫作技巧，不但大方分享自己如何快速寫出瀏覽量達十萬的新媒體爆文，也不藏私地透露如何透過提升寫作技巧來增加收入。

我特別喜歡他從「讀者思維」的角度來看待寫作這件事，意思是寫作的時候不能只顧著寫自己想要寫的東西，而必須站在讀者的角度思考問題：這群人需要什麼？他們想看什麼？不只是緊盯關鍵字和時事熱潮，快速尋找時下大家最關心、最願意看也最願意談論的話題，更要深入了解讀者的需求。換句話說，也就是要以讀者願意接受的方式來表達自己的觀點，說出想說的重點。如此一來，方能有效地吸引讀者。

如果有興趣學習寫作技巧，歡迎來上我的課或跟我一起討論。如果希望可以有一本寫作的參考書，我也很樂意推薦呂白的這本新書《超速寫作》。就讓我們一起努力，成為這個時代不可或缺的文案行銷高手吧！

目錄

前言

寫作是這個時代最熱門、最容易上手的賺錢技能

月薪五萬元、畢業三個月就買房，我只做了一件事。

在階級僵化愈來愈嚴重的時代，一個毫無背景、資源的年輕人，如何才能改變現狀、獲得成功，最終實現階級的躍升？

這個逆襲的過程很難嗎？不容易，但也絕對不如你想像中的那麼難。

我是呂白，出生於三線城市的普通家庭，上的是三流學校的空服員科系，沒有任何技能和資源。

投稿被拒絕三十次，一篇文章五十元都沒人要，最高只有三百人次的瀏覽量。在公司實習差點被勸退，在《非你莫屬》的舞臺求職，唯一想給我機會的老闆，只願意出四千元，這在上海，連基本生活都維持不了。

一度連畢業能不能找到工作都不知道的我，如今依靠寫作。有多篇瀏覽量破百萬的文章被報紙媒體轉載，策劃的活動成為國家公務員考題，為電影《後來的我們》撰寫海報文案，大學畢業三個月就買了房。

而實現這一系列的轉變，我只用了兩年時間。

在這麼短的時間內實現如此巨大的改變，相信你一定會感到好奇——我是如何做到的？

現在，我想將我的經歷毫無保留地分享給你，希望能帶給你一些啟發。我一直堅信：只要你想改變現狀，起點低、沒基礎根本不是問題。

因為我本人就是一個「學渣」，成績不好，也不怎麼喜歡看書，頂多讀過幾本網路小說，根本沒什麼文學素養，所以我的寫作起點真的很低。

如今被寫作課學員戲稱為「寫作大神」的我，在寫作這條路上也曾有過一段段慘痛的經歷。

連續三十次投稿被拒，連五十元稿費都賺不到

我一開始想要靠寫作賺錢，完全是因為自己什麼也不會，又想賺點零花錢，而寫作沒有任何限制，不需要什麼專業技能，只要你想寫，隨時隨地，有一部電腦就可以開始。

我還記得我的第一個工作，是給美團❶寫推廣文案，一篇五十元。我當時認真寫了四千多字，又改了好多次，感覺自己寫得還可以，於是交了上去。不料卻被編輯問「寫的是什麼玩意兒」，直接沒了下文。記得當時收稿人還勸我：「以後不要再去接這種兼職寫作的活了，耽誤別人的事。」可我那個時候根本不知道天高地厚，也不覺得自己寫的文章有任何問題，還和朋友說是他們不識貨。

後來，我聽人說做微信公眾號寫手比較賺錢，便開始投稿。但是寫了三十篇，每一篇都被拒絕了，最後對方編輯實在覺得我可憐，就給了我一百元，收了其中一篇。這個時候，即使自信心又受到一些打擊，但還是不相信自己寫得有那麼差，於是開了個人的公眾號，想要反擊那些看不上我的文章的人，沒想到結局卻是被自己「啪啪」打臉。

事實證明：真的很差。寫了一個月，瀏覽量最高的一篇文章只有三百人次點閱，更別提用寫作賺錢了。

我徹底失去了信心，面對著電腦，寫完刪，刪完寫，最後壓根兒不想打開電腦，索性天天在宿舍床上躺著，無數次想放棄，感覺自己就不是寫作這塊料。

不料有一天，我躺在床上滑手機上知乎❷的帖子，無意間看到這段話：「大部分人的寫作方法是完全錯的。他們打開編輯器，新建一個空白文檔，然後就開始想第一句話該寫什麼。」我頓時從床上坐起來，心想：這說的不就是我嗎？

我仔仔細細讀完這篇文章，才發現原來我的寫作有這麼多問題。尤其致命的一點就是自我陶醉，每次洋洋灑灑寫了幾千字，完全就像記流水帳，想到哪寫到哪，和讀者沒有半點關係。我苦笑，心想自己要是編輯，也不會收這樣的稿子。

也就是在這個時候，我終於開竅了，理解能吸引瀏覽的文章一定是「自我表達」和「讀者需求」之間的交集。

---

❶ 美團：中國電子商務平台網站，以餐食外送、旅遊票券訂購等生活型服務為主。

❷ 知乎：中國社群平台網站，提供使用者分享彼此的知識、經驗與見解。

差點被公司勸退，但我成為月薪五萬元的實習生

在寫作上沒有任何成功經驗的我，只能從模仿別人開始，慢慢地，還真讓我摸索出了一些寫作上的門道。

我的文章也愈寫愈好了，每篇稿子能拿到三百到六百元的稿費，每個月能賺到三千元左右，就這樣，我終於不用再向家裡伸手要錢了。

而我真正靠寫作逆襲的轉捩點發生在大三。通過面試後，我成了某知名新媒體團隊的實習生，當時並沒有意識到，這是我職業生涯的關鍵一步。

一開始來到這個公司時，我自信滿滿，覺得來到這裡就是對我能力的認可，自己也可以在這裡大展身手。然而悲慘的是，很快地，我就發現自己根本沒有機會開始寫作。因為一個月以來，每次在開選題會議、標題會議時，我都會被同事用實力輾壓，排名倒數，還因此差點被勸退。

我很沮喪，也很絕望，不知道為什麼之前寫得很順手的文章，到這裡完全失靈了。

可如果就這麼灰溜溜地走人，也太沒面子了。我相信凡事都有套路：歷屆考

題是學生的套路，棋譜是棋手的套路，演算法是工程師的套路，案例是律師的套路……。於是我開始潛下心來，埋頭研究和學習全網五千多篇瘋傳的爆紅文章，將它們的選題、標題、文章架構、開頭、結尾一一拆解，僅有分析。

在拆解的過程中，我漸漸意識到：網路環境下的原創寫作，不同於傳統的文學創作，你不需要有很高的文學天賦，拚的也不是誰的文采好，它需要的仍然是套路。

會紅的文章就像金子一樣，是能一眼就認出來的。

我抱著試一試的想法，結合自己歸納的套路，花了兩個小時寫出〈偷看你朋友圈這件事，要被微信拆穿了〉這篇文章。想不到，不到二十四小時就獲得了破百萬的點擊量。

而這篇文章，我不過是運用了自己總結的十大元素，其中的「話題」加上「愛情（前任）」，再加上「友情」這一項組合而已。

第一炮打響之後，我更加確定即使沒有任何基礎，只要掌握了套路，寫爆文、靠寫作賺錢就不難。

之後，我還用「話題、地域、群體」和「話題、友情、懷舊」的公式組合，寫出了瀏覽量破百萬的文章〈曾幫我打架的兄弟，現在和我不再聯繫〉、〈買不起iPhone 8的公務員〉等文章，甚至被人民日報網❸轉載。

而我用自己總結的金句寫法，其中的「ABAC」句型公式（參一九〇頁）為電影《後來的我們》創作文案，只花了一個小時就完成了，最終從三個候選者中脫穎而出。

我還模仿金庸在武俠小說中講故事的套路，為燕京啤酒寫廣告，只打亂了時間順序，再加上場景演繹，就完成了那篇〈曾幫我打架的兄弟，現在和我不再聯繫〉，這篇文章的瀏覽量高達三百多萬，並再次被人民日報網轉載，令客戶非常滿意。

在創作這些文章的過程中，我真正意識到了套路、方法的重要性。於是我繼續研究、優化這些套路和方法，並在寫作過程中實踐應用，屢試不爽。

最終，我總結出了自己獨特的爆紅文章寫作套路：十大選題元素、七種攻心金句寫法、四步法搞定故事……。

憑著這套系統化的寫作方法，只花一年多時間，我寫出了一百多篇瀏覽量超過十萬的文章、多篇瀏覽量破百萬的文章，甚至被同行戲稱為「十萬影印機」。

我只用了八個月的時間，就把公司旗下的某公眾號從零做到新榜❹五百強，擁有近五十萬粉絲，篇篇瀏覽量十萬起跳，而我自己也因此晉升為副主編。此公眾號還獲得新榜二〇一七年度新銳新媒體獎，成為同行的榜樣。畢業三個月後，當同齡人還在為房租發愁時，我已經靠寫作賺到的錢，輕鬆買了房。

其實套路和方法都是相通的。所以即使你沒有基礎，只要花時間掌握這些方式，你就有能力從零到一，做出一個全新的自媒體社群。

二〇一八年國慶日前，我幫朋友開了一個新的公眾號，只有一百六十名粉絲，九月三十日發表首篇文章〈國慶朋友圈鄙視指南〉，不過幾小時內瀏覽量已經破萬。隨後幾十個公眾號轉載了這篇文章，不僅讓粉絲漲到兩萬多，廣告也隨之而來。

所以，只要掌握了套路和方法，即使平台小、粉絲少，你也一樣可以寫出高點閱的文章，一樣可以接廣告。

---

❸人民日報網：中國最大報《人民日報》旗下的新聞網站。

❹新榜：中國社群平台，是以數據分析自媒體，並推出排行榜單的評價型網站。

許多人掌握了這個賺錢本領，開始改變命運

我是一個被寫作改變命運的人，有時候甚至不敢相信自己從最初連五十元都賺不到，竟一步步靠寫作走到了今天；更不敢想，我也能在寫作上幫助別人，改變別人的命運。

在諮詢平台「在行」上，我的顧問費是一小時一千兩百九十九元。很多企業也會專門找我做寫作培訓，一堂課的價格是兩萬元。

在我的寫作課訓練營裡有個學員老張，是一名三線城市的普通上班族，月薪四千元，平時沒事會寫一些文章，但投出去總是石沉大海，沒有消息。

看到老張，我就像看到當初的自己一樣：在沒有找到正確的寫作套路和方法之前，亂撞一氣，四處碰壁……。

在課堂上，我將寫作的套路毫無保留地全盤托出。運用我的套路，老張將他原來的稿件拿來修改，十分鐘就改出了一篇一投即中的文章，賺到了寫作的「第一桶金」四百元。

我還發現他的投稿策略根本沒有章法，有時候甚至不看平台本身的調性就隨

便投過去了。我為他仔細分析不同平台的稿件需求之後，老張終於找到了正確的投稿方式，重新針對不同的平台投稿，其中百分之九十都能被選上。

後來老張還能接一些廣告文案的業務，禁得起考驗的稿件品質讓他在圈內小有名氣，現在一篇文章的稿費就已經達到三千元了，每個月寫個三、四篇，是他薪水的好幾倍。

老張在沒有找到寫作套路之前，是和你我一樣的普通人，而寫作讓他改變了自己的命運。我的這套寫作方法論，不僅讓我成功賺錢、買房，而且透過我的方法，實現寫作賺錢、改變自己人生的學習者也愈來愈多。

我經常對學習者說：當你掌握寫作的套路之後，你會發現寫作是一件很簡單的事情，有時候只是標題改幾個字，瀏覽量、銷量就會翻倍。

我也敢說，我所總結的這套方法，跟市場上的其他老師都不一樣。可能別人會講出一百種方法，但無法操作；而我只講三個套路，就能讓你立刻使用。

學習了金句的一個範本，你三十秒就能寫出讓人自動轉發的金句。學習了標題的一個套路，你一分鐘就能寫出一個秒殺競品的標題。學習了開頭的一個方法，你三分鐘就能寫出一個讓人忍不住閱讀的開頭。

來看看在我寫作課堂上的學員課後經歷。

王逸凡，想做內容培訓行業，但是寫出來的招生文案比較生硬，參加的人員也沒幾個。於是我從內容和宣傳的角度為她一一分析，她才認清了自己的問題，之後整理出不同的文案主題，發朋友圈、公眾號，現在她所做的高端女性戀愛培訓已經到了第二期，吸引了國際間的優秀投資人、海內外名校的學生參加，報名人數漲了幾十倍。

索菲亞，寫作快兩年了，但是寫完後不知道文章好壞，也不知道怎麼修改。同我深聊後才知道，不論是寫作前的構思，還是寫作後的修改，都有具體的方法。現在她已經能夠輕鬆寫出破十萬瀏覽量的文章，每個月光獎金就有幾千元。

李媽，寶寶副食品從業者，專業知識十分豐富。她開了一個公眾號，想分享自己的育兒經驗，教大家做副食品，但是文章的瀏覽量、轉發次數一直上不去，最多也就只有幾千人閱讀。經過我的指導後，她明確了解寫作套路，現在她的公眾號已經名列行業前茅，經常產出瀏覽量超過十萬的文章。

這樣的故事還有好多好多……。

在網路寫作時代，專業寫手和業餘寫手之間的本質區別，並不在於掌握技能的熟練程度，而在於掌握套路的多少。

想要掌握系統化的寫作套路也很簡單，有兩個方法。

你可以像我一樣，自己花時間去研究、摸索，拆解寫作套路和賺錢方法，但是會耗時非常久，等到你終於能夠透過寫作賺錢，最起碼也需要兩年。

而聰明的人會選擇捷徑，就是去找到這個領域內最專業的老師，跟著他學習，輕鬆套用前人花費數年總結的寫作規律和變現方法，不走彎路，立刻實現寫作賺錢。

在寫本書之前，書裡的部分內容已經在千聊❺上線，有二十多萬人次學習，一千多條評論，而且都是五星好評。

有二十萬人為你檢驗效果。如果你想學好寫作，以後靠寫作升職加薪、賺到錢，甚至讓人生有一些改變，這本書就是不錯的選擇！

❺千聊：透過直播形式分享知識的平台，使用者可透過收看影片或收聽錄音的方式探索各類型的知識，與專家、講師互動。

選題篇

如何找到
具有爆紅潛力的題目？

這兩年，我接觸過許多從事新媒體工作的朋友，沒事大家時常聚在一起聊天，討論行業內的各種現象。時間久了，我發現大家的困惑主要有這幾種。

「我真不明白有些自媒體社群的瀏覽量怎麼這麼容易就到十萬？我一篇文章打磨十幾天，反反覆覆修改十幾遍，結果幾千字的文章居然只有幾百人看？現在的讀者到底看不看得懂文章啊？」這類朋友大都文采不錯，有深厚的文學底子，勤勤懇懇創作，卻只換得慘澹的瀏覽人次。

「老師，您幫我看一下我寫的這段廣告文案到底哪裡有問題？我自己看完之後非常心動，恨不得馬上就買，但其實來找我諮詢的人都沒幾個，更別提賣產品了。」我每天都會收到幾條這樣的消息，這類朋友往往是網路社群上最活躍的，靠著寫文案推銷產品獲得收入，可是文案發出去後往往石沉大海。

還有一類朋友多是職場人士，辛苦熬夜、加班為客戶做廣告文案，渴望得到對方的認可，結果卻被釘得千瘡百孔，最後將原因歸結為「客戶沒有審美觀」、「客戶不懂廣告」、「客戶除了錢一無所有」……在與他們交流的過程中，我發現這幾類人的作品都存在一個共同的問題：孤芳自賞。他們寫出了自己認為的亮點、自己感興趣的地方、自己喜歡的風格，可是受眾卻認為文章很平淡、沒興趣、不喜歡。這是典型缺乏「讀者思維」的表現。

什麼是「讀者思維」？簡言之，就是站在讀者的角度上思考問題，讀者需要什麼？他們想看什麼？作為大數據時代下依託網路的寫作者，一定要找到自我表達和讀者需求之間的交集。有些寫作者抗拒一味地迎合讀者，因為迎合就意味著做出各種妥協，會失去寫作原本的快樂。但是我們必須認清現實，新媒體寫作不能像寫日記一樣，只顧自己高興，將讀者的需求和喜好棄之不顧。比如，如果你經常在社群上寫奧林匹克數學、費馬最後定理、四色定理和哥德巴赫猜想研究的相關內容，即使文學底子再深厚、文字再生動有趣，也可能很難有讀者樂意閱讀。在網路時代進行寫作，需要將自己想表達的觀點以讀者能夠接受的方式寫出來，唯有這樣，讀者才願意看，瀏覽量自然就高了。

還有一點尤為重要：新媒體人不能作惡，不能做對社會有惡劣影響的事情，這個是底線，任何新媒體從業者都要嚴格遵守這個底線。

也有朋友問我：「我知道要寫讀者感興趣的、想看的內容，問題是我怎麼才能知道他們想看什麼？」其實讀者想看什麼，就是我們常說的「選題」。在自媒體領域流傳著這樣一句話：「你和瀏覽量十萬之間，只差一個爆紅的選題。」一篇文章能否爆紅，百分之八十都靠選題。

究竟什麼樣的選題才能打造爆紅文章呢？首先要研究爆紅的文章都選了什麼主題。

現在網上有一些平台會根據瀏覽量把全網的文章做成專門的排行榜，這是一個非常有效學習爆紅文章的途徑。也不難發現，常常十篇文章裡，有九篇都是當天最熱門的話題事件，所以我們有什麼理由不寫熱門事件呢？

如果你想快速寫出高瀏覽量的文章，那麼寫熱門事件就是最簡單直接的方法。可以這麼說，通往高瀏覽量的最短路徑就是寫熱門事件。

你可能要問，要寫哪個熱門事件？寫什麼樣的熱門事件呢？

我總結了寫熱門事件的三階段選題方法：第一階段是「快速衝高瀏覽量的四個套路」，第二階段是「人人都想看的文章選題公式」，第三階是「創作爆紅文章三種方法」。

接下來，讓我們一起開啟爆紅文章的寫作之旅吧！

1 快速衝高瀏覽量的四個套路

你覺得寫一篇快速爆紅的文章要多少字？

一百字？一千字？一萬字？

正確答案是只需要二十字。

套路一：改編熱門事件

二〇一七年十月八日，藝人鹿晗和關曉彤公開戀情，網友瘋傳。消息發布短短幾分鐘後，微博伺服器居然癱瘓。據說當天正巧是新浪微博的網路工程師丁振凱大婚，於是新郎不得不先把伺服器的漏洞修復了，再舉行結婚儀式。他成功地藉由這個熱門事件立下了敬業的人物設定，被網友戲稱為「新郎程式猿」，成為微博粉絲超過三萬的網路技術界紅人。

當天，鹿晗的微博帳號發布了一句話：「大家好，給大家介紹一下，這是我的女朋友關曉彤。」這條微博的轉發量是一百二十七萬，評論兩百九十一萬，按讚五百九十二萬。基於這個熱門事件的火爆程度，我準備寫一篇文。

該怎麼寫呢？首先必須要以公眾人物為「引子」吸引受眾，激起讀者的轉發欲。但如果只是標記我的女朋友，除了秀恩愛，並無其他意義，破十萬的瀏覽量更是遙不可及，因為讀者並不認識我和我的女朋友，對於我們的感情生活也毫無興趣。深思熟慮後，我決定標記眾多男生非常喜歡的女明星郭碧婷，一個集美貌與溫柔於一身的女子。

我模仿鹿晗的這句話，寫了一句：「大家好，給大家介紹一下，這是我的女朋友郭碧婷。」只是簡單地將關曉彤的名字替換成郭碧婷，結果我當時只有四萬粉絲的公眾號，在這篇不到三十字的文章推送十分鐘後，瀏覽量就突破了十萬，最後達到了二十萬之多。

這就是快速達成高瀏覽量的第一個套路：改編熱門事件。這種套路可以重複使用，具有永久性。還有演員趙麗穎和馮紹峰宣布結婚的「官宣❻體」、唐嫣和羅晉的結婚消息「新郎是我」、「新娘是我」，使用類似套路的文章瀏覽量大多都超過了十萬。

這樣看來，寫出高瀏覽量的文章，是不是沒有你我想像的那麼難？在這裡，文學基礎和文筆似乎都不是那麼重要了。

套路二：簡單盤點和梳理事件

還是以鹿晗和關曉彤的話題為例，當時有一個微信公眾號只做了一件非常簡單的事：把鹿晗宣布「脫單」❼、關曉彤回應、鹿晗工作室回應所發布的三個微博截了三張圖，湊成了一篇文章，很快瀏覽量就漲到了十萬，而其平時所發布的文章的瀏覽量也就兩到三百。只是發了三張截圖，瀏覽量就漲了五百倍，這就是熱門事件的力量。

分析過去高瀏覽量的文章資料，我們不難發現，每次出現熱門事件的時候，一定會有社群發布文章，對整個事件進行簡單的回顧，也就是用自己的話把這個

---

❻ 官宣：「官方宣傳」的簡稱，為個人於社群網路上模仿官方機構宣布消息的告知方式。

❼ 脫單：「脫離單身」的簡稱。

熱門事件從頭到尾說了一遍，就迅速紅了，有的瀏覽量甚至達到百萬。由此可見，這種套路只需要在最短的時間內，用最快的速度，將事件呈現給大眾。

套路三：轉發最佳評論

第三個套路就更簡單了，只需要利用「轉發」的方式。還是以鹿晗和關曉彤這個事件為例。

「關曉彤才上大二、人生各種開掛，長得好、身材好、資源好，前途一片光明，更重要的是，人家的男朋友是鹿晗。」

這篇文的來源也是一個粉絲不多的自媒體，全文甚至也不足一百字，結果瀏覽量卻輕鬆上了十萬。看到這裡，還會認為寫出破萬的文章難嗎？有的讀者可能還是會覺得難，認為文章雖短，但是自己不會寫這些。只是你能猜到這段話是哪裡來的嗎？其實，這段話就是當時那條推文中獲得最高按讚數的評論，新媒體編輯直接轉發，連寫都不需要寫。

為什麼要轉發這條獲得最多按讚數的評論呢？

因為最高按讚數就代表著讀者認同。而活躍於社群網路的基本上是同一批人，所以即使直接轉發，讀者還是會認同，還是會按讚。

這種方式看起來非常簡單，但是我們必須從中認識到一個原則性問題：高瀏覽量的文章不是憑空捏造的，而是要從爆紅裡面發現爆紅。什麼意思呢？最好的模式就是將已經驗證過的爆紅元素進行組合。比如我們在新媒體平台尋找獲得最高按讚數的評論，以此為基礎進行創作。

套路四：從事件爭議點上找角度

仍舊以鹿晗、關曉彤公開戀情的事件為例。當網友知道兩人戀愛的消息後，鹿晗的微博下有很多網友留言，如「大家覺得是假的請按讚」、「覺得鹿晗和關曉彤不配的請按讚」、「同意戀愛，關曉彤就算了吧」、「為什麼是關曉彤啊？不接受的讚我」類似的評論都獲得網友的大量認同。於是我們不難發現，鹿晗的粉絲對待這件事情的態度是存在爭議的，他們的關注點不在公開戀情這個事件本身，而在於為什麼是關曉彤，卻不是「我」？「我」不比關曉彤差吧？

發現這個爭議點後，我們只做了一件事，在文章中放了一張修過的身分證圖片，將身分證上面的名字改成了「關曉彤」。因為找到了這件事最核心的爭議點，並且把爭議點改成大眾心中期許的樣子，這篇文章的瀏覽量也很快吸引了大家的眼球。

其實，社群網路文章的瀏覽量真的沒有你我想的那麼遙不可及。二〇一五年十月，我第一次寫出十萬瀏覽量的文章。當時恰逢我的學校六十五週年校慶，我想了很多寫作角度，諸如校慶節目單提前預告、校慶節目看點集錦、校慶節目綜合評比之類。最後，我決定用很少的文字再加上一些從網上收集的圖片，將學校六十五年的風雨變遷做成圖集，很快就在校友圈瘋傳開來，畢業了幾十年的校友都在轉發，於是創造出校史上的第一篇十萬文章。而二〇一八年，學校逢六十八週年校慶，我的學弟妹們借鑒了我三年前的方法，推送的文章瀏覽量創造了二〇一八年學校官方帳號的最高紀錄，可見此方法的確是簡單易行、屢試不爽。

衝高瀏覽量，不需要豐富的人生閱歷，不需要深厚的文學功底，也不需要龐大的粉絲基數，只需要學會借助熱門事件，熟練運用這四種套路，就可以將不可能變成可能，毫不費力地寫出爆紅文章。

2 人人都想看的文章選題公式

運用快速達到大量瀏覽量的方法，你能在熱門事件裡迅速找到話題點。但這時你可能又會發現，每個事件可以選取的寫作角度並不是唯一，而是多元的，同一個熱門事件，我們從不同角度切入寫作，最終取得的效果可能大不相同。

例如，前文提到的鹿晗、關曉彤公開戀情事件，「戀情公開」本身可以作為一個角度，但在時間上已經落後了，幾乎沒有內容優勢，這是下策；從事件切入分析兩人公開戀情之前的種種蛛絲馬跡，挖掘背後的原因，讓讀者有恍然大悟之感，這是中策；而鹿晗和關曉彤都是公眾人物，公開戀情本身也是話題事件，能巧用、活用主人公的話語、行為，或者回應作為噱頭，為自己的寫作內容服務，既能吸引讀者點擊閱讀，又不落俗套，這才是上策。

這裡其實就蘊藏著爆紅文章的「祕密」，我們可以進一步學習如何寫出人人都想看的爆紅文章。

在過往的熱門話題文章裡，有些寫作角度讓人拍案叫絕，瀏覽量也十分可觀，而另一些則乏人問津。例如二〇一五年，有一部電影叫《夏洛特煩惱》，男主角夏洛前去參加自己曾經暗戀的校花秋雅於豪華飯店的隆重婚禮，為她獻上祝福時，面對周圍事業有成的老同學，發現只有自己一事無成，心中泛起酸楚，遂借著幾分酒意大鬧婚禮現場，甚至驚動飯店方撥打了一一〇。而夏洛發洩過後卻在馬桶上睡著了，夢裡重回高中，報復了羞辱過他的老師、追求到心愛的女孩、讓失望的母親重展笑顏，甚至成為知名作曲家、音樂人，一連串事件在不可思議中迅速發生。這部影片結合了「逆襲人生」和「愛與夢想」，在精神上滿足了大多數生活還不太順心的年輕人，故而紅極一時。

想像一下，如果你要根據這個熱門話題寫一篇文章，你會怎麼寫？從什麼角度切入？

當時有很多文章都結合了這個熱門話題，並且從各種角度切入。比如有人寫「假如人生可以重來」，整篇文章都在反思過去，警醒讀者，建議慎重選擇人生；有人寫「懷念青春」，列出很多校園時代的場景，整篇文章都在懷念青春的美好；有人寫「珍惜眼前人」，分析女主角馬冬梅的各種優點，最後提出一個正能量的結尾，告訴讀者身邊的人才是最重要的……這些文章都在結合熱門話題，但是都不慍不火。為什麼呢？可能你也意識到了，就是角度不夠特別，不夠吸引眾人的眼球。

某知名公眾號也結合這個話題寫了一篇文，結果紅遍了全網，這篇文章的題目是〈《夏洛特煩惱》：為什麼男人總想搞自己的初戀〉你可以想像一下，這個角度是不是很特別？試問，如果讀者是女生，難道不想知道自己的男朋友或老公為什麼會對初戀情人念念不忘嗎？如果讀者是男生，是否馬上會產生話題共鳴？

爆紅文章，一般都會有個與眾不同的主題，或有著濃厚的生活氣息和與讀者產生情感共鳴，又或者能夠居高臨下，特別有思想見地。這篇〈《夏洛特煩惱》：為什麼男人總想搞自己的初戀〉就屬於第一種情況。你可能會好奇，這種有創意的角度，是怎麼想出來的？是因為天賦嗎？還是靈光乍現？其實都不是，好的創意和角度不是偶然，而完全可以根據一套方法構思出來。

我做自媒體四年，看過的爆紅文章上萬篇，分析過的爆紅文章也有幾千篇。在分析這些文章的過程中，我驚喜地發現它們有很多共同點。透過深入研究後，我發現竟然可以總結出一個爆紅文章的公式。

我的爆紅文章公式，就是選題的十大元素表。**其中包括三大情感：愛情、親**

情、友情；五種情緒：憤怒、懷舊、愧疚、暖心、焦慮；兩大因素：地域和群體。

這十大元素雖然簡單，但卻價值不菲，是初學者打造十萬瀏覽量的必備武器，也是職業寫作者能寫出多篇爆紅文章的祕密。除了可應用在寫文章上，拍廣告和電影也同樣適用，甚至還屢建奇功。

在寫作過程中，究竟該如何使用十大元素表呢？

首先，我們來看第一個例子。二〇一七年，在微信剛推出「不常聯繫」和「朋友圈三天可見」新功能的時候，我寫了一篇文章，很快衝高了瀏覽量，最後成為破百萬的爆文，題目叫〈偷看朋友圈這件事，要被微信拆穿了〉。我來分析一下這篇文章能夠爆紅的亮點。

文章開頭的第一段話是這樣寫的：

> 林霖的微信帳號很可能會躺在她前任的「不常聯繫」名單裡，然後她的前任可能會把她連同一組人一起按下，下一步，清理刪除。

透過第一段文字，大家可以看出這篇文章的切入點是「前任」，放在文章開頭，就把很多讀者對「前任」那種愛而不得的美好遺憾勾出來了。愛情是個永恆的話題，最抓人心，並且世代傳頌。在開頭靈活運用愛情元素中的「前任」，就能把讀者的興趣引出來。

再看後面一段：

我以為朋友的衡量標準，不是以我們多久聊一次天、按幾次讚決定的。而是每次需要你、找你的時候，你都像往常一樣，對著我噓寒問暖，對著我罵罵咧咧：你個小崽子，終於想起老子來了。說吧，幾點的車，我去車站門口等你。

和前一段不一樣，這一段是寫友情的，寫出了朋友之間那種相互關心的情感。真正的友情不依靠金錢和地位，拒絕功利和契約，它使人們獨而不孤，互相解讀自己存在的意義。朋友可以讓彼此活得更加溫暖、更加自在。活用情感元素中的「友情」，可以引發更多年齡層的讀者共鳴和感動。

分析到這裡，你有沒有看出來，為什麼當時那麼多人寫這個新功能事件，卻只有這篇文章的瀏覽量超過百萬？這是因為我用了三大情感中的愛情和友情兩個元素來組合。話題事件是基礎，是吸引讀者點擊並閱讀的第一動力；而愛情和友情這兩個情感元素，一個是內心最細膩的陣地，一個是生活中最可靠的存在，它們是使讀者深入閱讀、分享並轉發的關鍵因素。

當你發現一個熱門事件，但是不知道從哪裡入手的時候，可以根據選題十大元素表尋找靈感或方法。寫作其實就像做菜，只加鹽進行調味，肯定不夠；如果再加一些蔥、薑、蒜，菜吃起來就會格外香。同樣的道理，我們在寫熱門事件的時候，在其中融入一些情感因素，才會使文章更飽滿，讓讀者有感覺。

「話題」加上「情感」、「話題」加上「情緒」的組合搭配，是爆紅文章公式的基本款，只要靈活運用，衝高瀏覽量就不難。

除了把情感和情緒元素組合起來，我們還可以引入其他元素，如〈買不起iPhone 8的公務員〉便是完美地將「話題」和「群體」元素結合起來，成為爆紅文章的成功案例。

有段時間，我透過採訪發現公務員群體並不像大眾想像的那樣，每天坐在辦公室喝茶、看報，享受生活。他們其實很辛苦，收入也不高。於是我特別想寫這個群體，改變大家對公務員的刻板印象。可是如果直接就這麼寫的話，會比較平淡，需要選擇一個更好的角度。恰逢當時蘋果手機 iPhone 8 上市了，所以我就寫了一篇題為〈買不起 iPhone 8 的公務員〉的文章，之後被各大媒體轉載，瀏覽量甚至突破百萬，成為一個把「話題」和「群體」相結合的成功案例。

這篇文章爆紅後，也引起了業界的關注，在同行交流的社群分享時，有人問我：「呂老師，〈買不起 iPhone 8 的公務員〉這篇文章瘋傳的最根本原因是什麼？我們有什麼能借鏡的經驗呢？」

於是我針對這篇文章，分享了關於選題十大元素中的「群體」因素。「話題」加上「群體」的組合，也是爆紅文章的常用搭配。群體擁有獨有的整體感，即群體成員對群體有一種總體意識。在這種意識下，群體成員會認為群體是一個有機的整體，而不是一盤散沙。如果你是一個公務員，你對公務員群體會有一種整體感，這種整體感覺愈強，維護群體整體形象的態度就會愈堅決。巧妙借用這種群體特性，從群體現狀切入所寫的文章能更容易地獲取群體的認同感，提高瀏覽量。

典型的當代群體很多，比如「工程師」。之前網路上瘋傳的「網管人穿搭指南」，引起網友熱議轉發的正是一群工程師穿著格子襯衫拍照的圖片。再比如外送員、教師，是以職業劃分的群體；如父母、爺爺、奶奶，是以血緣劃分的群體；還有如牡羊座、獅子座、天秤座，則是以星座劃分的群體……我們都能夠清晰地總結出他們的群體特性。

除了「話題」加上「群體」這種用法，你還可以融入「地域」元素。〈流感下的北京中年〉這篇文章講的是作者的岳父得了流感，輾轉各個醫院進行治療，可惜最終去世的經歷。這篇文章引起了很多人的共鳴，甚至文章裡提到的醫生也親自發言表態，一時之間留言區裡都是讀者的長篇感慨，表述了他們在大城市生活的種種不易。

女兒：「姥爺怎麼這麼長時間還不回來？」

媽媽：「姥爺生病了，在醫院打針。」

女兒：「姥爺是我最好的朋友，姥爺給我吃巧克力。媽媽怎麼哭了？」

文章逐日記錄了岳父從流感到肺炎、從門診到重症加護病房，僅二十九天時間就與家人陰陽兩隔的經歷。其中涉及就診、用藥、開銷、求血、插管、裝人工肺等資訊，許多醫療知識不用說讀者了，作者本人也是第一次接觸。

七點四十分，車在大道邊的空曠處停下，準備「燒紙」。我一下車就被冰封了，臉彷彿被刀割，呼出的空氣遇到口罩就結冰，凍得鼻子發痛。

路邊停了七、八十輛車，四條車道占了兩條，都是來送岳父的同事和朋友。看了這陣仗，我想岳父在家有點脾氣也是正常的。尋思自己走的時候，大概不會有這麼多的人。

「請下車把骨灰盒擺好。」道邊一輛廂型車的門突然打開，大家開始卸下東西。小的如紙手機、紙電腦、紙元寶，大的有紙別墅、紙車子。車子上還特意畫了岳父喜愛的荒原路華車標。特別是一匹紅色紙馬，如真馬大小，風起馬毛飄揚，風落馬毛帶雪。

三十多分鐘，各種儀式做完，開始點火。火光沖天，這「燒紙」可比南方一疊一疊小紙錢燒起來有氣勢多了，紙房子、車子、小馬化為灰燼，希望岳父能在另一個世界過得瀟灑自由。

一百多位親朋，和我們一起在東北也難見的寒流中，與岳父道別。

「圓墳」後，我和夫人從黑龍江的佳木斯飛回北京。

過去一個月，就像在噩夢中奔跑，一刻也不能停。想從夢中醒來，卻擺脫不了命運。

回到家吃飯時，岳母突然問了一句：「你爸真的走了嗎？」我愣了一下。衣架上掛著岳父的衣服，家裡彷彿還有他的影子；微信裡有他的語音，彷彿還嚷嚷著要再去泰國吃榴槤。但又一想，確實是走了。

女兒還不能理解死亡，大喊：「我要姥爺給我吃巧克力。」生活就像一盒巧克力，你永遠不知道會嘗到哪種滋味。

感謝在這段日子裡支持我們的親人、朋友、同事和領導，很幸運此生與你們同行。

這篇文章就是用到了「中年群體」加上「北京地域」的因素，從而引起大眾的共鳴。其實，不僅是看病難這個話題，還有很多類似的選題都可以這麼用。之前還有篇文章叫〈在北京，有兩千萬人假裝生活〉，同樣是用了「北京」這個地域因素，加上「北漂中產」這個群體因素。文章節選如下：

北京終歸是北京人的北京。

如果說北京還有那麼一點煙火味的話，那麼這煙火味屬於那些祖孫三代都居住在這個城市的老北京人。這煙火味是從老北京人的鳥籠子裡鑽出來的，是從晚飯後那氣定神閒的芭蕉扇裡搧出來的，是從計程車司機那傲慢的腔調裡扯出來的……老北京人正在努力為這個城市保留一絲生活氣息，讓這個城市看起來，像是個人類居住的地方。

老北京人的這點生活氣息是從基因裡傳下來的，也是從屁股下面的五間房子裡升騰起來的。當西城的金融白領沉浸在領年終獎金的亢奮時，南城的北京土豪會氣定神閒地說，我有五間房；當海淀的低階開發人員們敲完一串代碼，看著年輕女孩的照片，幻想自己成為下一個電商企業主的時候，南城的北京土豪會氣定神閒地說，我有五間房；當朝陽的傳媒菁英簽下一個大單，站在中央商務區落地窗前展望人生時，依舊會聽到南城土豪氣定神閒地說，我有五間房。

沒有五間房，你憑什麼氣定神閒？憑什麼感受生活氣息？憑什麼像北京大爺一樣逗鳥下棋、聽戲喝茶？

在北京，沒有祖產的移民一代，註定一輩子要困在房子裡。十幾年奮鬥買一間鳥籠子大小的房；再花十幾年奮鬥換一間大一點的房，如果發展得快，恭喜你，可以考慮學區房了。

好像有了學區房，孩子就可以上清華、上北大，但是清華、北大畢業的孩子依舊買不起房。那時候，孩子要不是跟父母一起擠在破舊的老房子裡，要不就從頭開始，奮鬥一間房。

北京中產確實是個很容易焦慮的群體，因而這個話題也的確製造了很多爆紅文章。自媒體業甚至流傳著這樣一句話：「北京中產，平均每個月焦慮三次，每次養活一批爆文寫手。」所以很多社群特別愛寫這類話題，以及策劃這樣的主題活動，例如新世相❽策劃的「逃離北上廣」，便成為經典的行銷案例。

二〇一六年七月八日，新世相的公眾號推送了一則消息：「我買好了三十張機票在機場等你，四小時後逃離北上廣」。內容摘要是：「沒有猶豫的時間了，你拎著包來，我就送你走。」

今天，我要做一件事。就是現在，我準備好了機票，只要你來，就讓你走。

現在是早上八點，從現在開始倒數計時，只要你在四小時內趕到北京、上海、廣州三個城市的機場，我準備了三十張來回機票，馬上起飛，去一個未知但美好的目的地。

現在你也許正在地鐵上、計程車上、辦公室裡、雜亂的臥室中。你會問：「我可以嗎？」瞬間能抉擇，才是真的自己。

四小時後，你就可以做自己的主。你可以改正現在的生活，去旅行、去表白，去想去卻沒去的地方，成為想當而沒有當成的人。

只要你有決心，我就有辦法。就趁現在，我們出錢，你出時間和勇氣。新世相請航班管家支持，一起邀請你。

做自己的主，四小時後逃離北上廣。

透過簡短的文案表述，我們可以發現這個活動的規則非常少，讀者理解起來毫不費力，且活動的可參與性極強。

❽新世相：中國知名新媒體公司，曾創造「逃離北上廣」、「佛系青年」等流行話題。

從活動曝光開始，一個半小時後，公眾號的瀏覽量達到十萬，三個小時後，瀏覽量超過百萬，公眾號粉絲數上漲十萬。與此同時，在微博上該活動也進入熱搜排行榜，「四小時後逃離北上廣」的話題討論度也達到了五百多萬。

如此簡潔清晰的活動規則背後，藏著很多可以撬動讀者參與意願的玄機，其中情感上的認同是活動成功的最關鍵的因素。活動從使用者群體特徵出發，直戳群體軟肋，直達群體內心，並提供了一個現成的平台讓他們發洩自己內心的情緒，給了讀者更多的勇氣與激情。因此，「群體特徵」法則不僅適用於撰寫文章，更適用於策劃活動，因為這個群體始終沒變。

受中國地大物博的影響，同一地域內的讀者群體具有相似性，不同地域的讀者群體具有差異性。不同地域有不同的優勢、特色和功能，媒體的熱門事件和不同的地域特色結合，能夠發展出不一樣的火花。除了「北京中產」，還有以煤炭生產為主業的山西「煤老闆」、人均身高一八五的「山東好漢」、什麼東西都吃的「廣東仔」、「胡福不分」的「福建人」等，都是爆紅文章常常提及的典型地域群體特徵，例如公眾號「黃一刀有毒」推送的〈你可能對福建人一無所知〉、〈浙江人真真真真真不容易〉、〈印度人真是把我嚇到了〉等文章，瀏覽量都極高，有興趣研究地域群體的讀者可以參考。

接下來，我再分析一篇文章，是公眾號「視覺志」寫的〈謝謝你愛我〉，它把十大元素表中的多種元素都組合在一起，瀏覽量達到五千萬，當時許多知名社群都轉載了，幾乎瘋傳全網。這篇文章特別有參考價值，它的表現形式其實很簡單，就是使用一些圖片，配以簡單的文字說明，描繪出很多感人的場景。

我們都如此期待被愛
被別人愛，被這個世界愛
以至於五二〇、五二一這樣的日子
都被賦予了「我愛你」的意義

被人愛著，真好
在你未曾留意的地方，
有人愛著你

年輕女孩要自殺，被大叔一把拽了回來
你給我回來！連死都不怕，還怕活著嗎？
孩子和爸爸都很慶幸，那一瞬間，有一個英雄出現
你的出現，會改變另一個人的命運

文章後面還寫了諸多簡單又溫暖的故事。我們將這篇文章對照選題十大元素表，可以找到大量相同點。例如「暖心」這種情緒，親人之間如此，陌生人之間更甚；再加上親情、愛情、友情，甚至陌生人之間的相互關心，以及中外不同地域的故事，一切都讓讀者體會了相同的人間溫情，因而打動了很多人。

總而言之，你想寫一個熱門事件，又不知道從哪裡下手的時候，可以對照十大元素表裡的三種情感——親情、愛情、友情；五種情緒——憤怒、懷舊、愧疚、暖心、焦慮，再和地域、群體兩大元素進行組合，各種元素組合的形式和內容愈多元，能感染的人就愈多，傳播的效果也就愈好。

例如，公眾號「六點半」的〈買了輛破舊二手車，卻挽救了一段愛情〉，並非圖文搭配，而是以時下最受歡迎的短影片形式演繹。

影片故事情節簡單、巧妙且有趣：夫妻二人駕駛著新買的二手車在路上行駛時，車前玻璃被風颳來的報紙遮住，妻子想伸手抓下來，不料小窗開關失靈，妻子的手被夾在了車外。此時，路邊有一對新婚夫婦正鬧得不可開交，吵著要離婚，手被夾在外面的妻子剛好目睹了一切，順手就給路邊大喊著離婚的男人一巴掌。被突如其來的巴掌拍打倒地後，這位新婚丈夫認識到了自己的錯誤，而他的妻子也心疼起來，兩人言歸於好，只剩下正開著二手車的丈夫目瞪口呆……。

不可否認，短影片的表現形式將簡單的故事生動化、立體化，易讀性更強，讀者更容易理解其內涵和竟義。而這篇文章之所以能迅速達到上萬的瀏覽量，根本原因還是在於其影片故事中包含了大量的爆紅元素。

首先，購買二手車的夫妻代表了龐大的「低產階級」：開不起豪車，買不起好房，為了提高生活幸福感，只能貸款買二手車，生活壓力大，家庭矛盾多。其次，路邊吵架鬧離婚的小夫妻，從吵架到和好，不僅呈現了愛情的主題、先苦後甜的情緒變化，還是「新婚夫妻」的典型代表，他們面對生活的變化而不知所措，更不懂夫妻的相處之道。結尾處那段開著二手車的男人目瞪口呆的情節最能引發共鳴，它傳神地展現了當代婚後家庭地位較低的丈夫形象，不論男人或女人看了都不免會心一笑，意味深長。

簡單的故事情節便將「低產階級」、「新婚夫妻」、「家庭地位低的丈夫」這三類群體融合到「愛情」元素中，完美傳達出委屈、愧疚、暖心等情緒，搭配巧妙、渾然天成。所以總結來看，這個爆紅影片的故事構思既是基於生活，更是高於生活。

深入研究經典的爆紅文章，其實都離不開四大套路、十大元素，只要能夠活學、活用，每個人就都能創作出人人想看的文章。

3 創作爆紅文章三種方法

自選題入門之後，我們可以給自己訂一個進階目標：打造一篇爆紅文章。也許有人覺得破萬的瀏覽量高不可攀、遙不可及，只能碰運氣，其實不然，就算是百萬瀏覽量的文章也有規律可循。

經過長期的研究和觀察，我總結出打造爆紅文章的九字祕訣：換角色、硬組合、小見大。

方法一：代換角色

二〇一七年高考過後，有一段採訪影片在網上引起了軒然大波，影片的主角是二〇一七年北京市高考文科狀元，熊軒昂。高考成績公布後，記者採訪熊軒昂，問他對於自己在高考中取得優異成績有什麼看法。這個少年並沒有過多謙虛，而是直言不諱地表示：「現在農村的孩子考上好學校變得愈發困難，而像我這種父母都是外交官的中產家庭孩子，享受北京在教育資源上得天獨厚的條件，是很多外地的孩子，或者農村的孩子完全享受不到的。」

此言論一出，馬上就在網上引起了熱烈討論，自媒體人紛紛基於這個話題來寫文章。有人說「寒門再難出貴子」，有人宣揚「階級僵化」……當時網路上的文章百分之九十九都在寫這些老生常談的主題，主要關注點在於分析寒門子弟的生活和求學有多艱難和辛酸。

我當時也想結合這個話題寫一篇文章，但我不想再寫「寒門」這個主題了，因為它已經很難寫出新意。如果我還是從這個角度立意，最好不過是比其他人稍微好一些而已，幾乎不可能出線。

我絞盡腦汁思考一週，甚至連吃飯和睡覺時，大腦也在想這事，琢磨如何才能結合話題，寫出一篇精采的文章。結果，有天我在飯店吃飯，無意間聽到隔壁桌有人說了這句話：「別在一棵樹上吊死。」說者無意，聽者有心。我恍然大悟，一直以來我太侷限於「窮人」這個創作點了，被困住了思路，才會百般苦惱。其實我完全可以換一個角色來寫：比如以富人為主角，寫一寫中產階層，再分析這個熱門事件本身存在的問題。打開新思路後，我感到豁然開朗，最終選擇了從

「富人」的角度寫這篇文。

九〇後的一代人，從小看到的標語就是「沒有高考，拿什麼拚過富二代；沒有高考，靠什麼征服官二代」，久而久之，便以為這種觀點是對的，但其實是我們的認知被侷限了。富人子弟因其群體背景的特殊性，他們其中的一部分人往往不會參加高考，可能在中學時期就被送去國外留學，參加豐富多彩的社團活動，遊歷世界各地，根本不需要與國內同齡人競爭。更令人羨慕的是，即使他們在國內的成績並不好，最終也能申請到世界級的名校資格。這也是現實背景的一部分。由此，我寫出了一篇名為〈窮人考不好，中產考狀元，菁英不高考〉的文章，從一眾「寒門貴子」的時事主題中脫穎而出，成為當時網路文章中的一匹「黑馬」。

回顧當時的創作思路，如果今後遇到類似的話題，可以此為參考和借鏡。而運用「換角色」的技巧，可以分為兩步驟。

一、**明確角色**：首先明確事件中有幾個角色。每一個角色都是獨立的個體，有各自不同的品質和性格。由於他們在一個完整的事件中各自發揮著不同的作用，所以在我們的選題中，每一個角色都是可選的角度。

二、**選擇角色：**觀察大部分人都圍著哪個角色來寫，然後放棄這個角色，選擇一個很少或者幾乎沒有人寫的角色。在選題中，我們應該潑辣大膽些，勇於實踐和另闢蹊徑，想他人想不到的，給讀者提供與眾不同的思考角度，自然有新鮮感和話題。

你如果和大家寫了同樣的角色，就相當於你和多數人站在同一個賽道上，爭奪百米衝刺的冠軍。而你如果選擇一個沒有人競爭的賽道，即使沒有花費太多力氣，瀏覽量也不會低，因為你和別人不一樣，獨特就是你最好的武器。

前面的案例是社會事件，涉及的主要角色少且特徵鮮明。同樣的技巧步驟放到常規節日、活動事件上也是奏效的，只是涉及的角色多，特徵不顯著，需要我們更加細心地尋找和選擇。以中國特有的交通現象「春運」為例，分析「換角色」的具體運用方法。

春運，即春節時期的交通運輸，是中國特有的在農曆春節前後產生的一種大規模的高交通運輸壓力的現象。時間是以春節為中心，共四十天左右，大概從每年農曆臘月十五到次年正月二十五。春運被認為是人類歷史上規模最大、週期性的人類遷徙，在四十天左右的時間裡，有三十多億人次的人口流動，相當於非洲、歐洲、美洲、大洋洲的總人口搬了一次家。這項週期性的運輸高峰，創造了多項世界之最。

以常規事件為主題的文章，因為時間節點明顯，所以內容務必要新奇且有深度。此時千萬不要自亂陣腳，而要按照「代換角色」的技巧步驟冷靜分析，找準選題角度，才能事半功倍。

第一步，明確角色。對於春運來說，顯而易見的主要角色有返鄉人、在家盼望了一年的親人、春節期間仍堅守在工作前線的鐵路工作者、鐵路工作者的親人等；而不易察覺的小角色還有很多，諸如持續報導春運狀況的新聞媒體工作者、負責安檢或引導工作的臨時工、發布春運交通運輸政策的相關部門負責人等。我們要根據主題表達的需要，明確合適的切入角色。

第二步，選擇角色。這是最關鍵的一步，返鄉人、鐵路工作者這些人物形象幾乎年年都是報導中心，一般人們對其都已經被動地了解過很多次，難出新意，此乃下策。而翹首以盼親人回來的家裡人、鐵路工作者等，以及因為春節不放假而無法陪伴的家人是由主要角色衍生出的次要角色，以他們為破題的人物，將春運中所展現的思鄉、團圓之情聯繫起來，會令讀者的共鳴更強烈，此乃中策。隨著讀者口味愈發刁鑽，以小眾化視角切入春運會顯得更加新穎，不容易落入俗套。例如持續報導春運狀況的新聞媒體工作者如何看待春運，負責安檢或引導工作的臨時工見過哪些印象深刻的春運返鄉人，發布春運交通運輸政策的相關負責人有什麼新變化等，以這些作為破題角度，不僅讓人眼前一亮，而且易於挖掘出內容深度，此乃上策。

這裡所說的上、中、下策是針對選題，而非內容。即便是以返鄉人這類非常普遍的角色作為突破口展開撰文，只要在內容上出奇制勝，也一樣能打造爆紅文章。但是如果我們能在選題上就奪人眼球、引人入勝，會讓我們本身就有深度的文章錦上添花，達到絕佳的效果。

按照以上步驟，透過簡短、縝密且全面的分析，我們可以將每個人物單獨作為選題，或者將多個人物串聯起來作為選題。後文我們將繼續闡述如何下標題，以及如何在內容中打造金句。

有句話說：「屁股決定腦袋，思路決定出路。」如果你站在員工的角度思考問題，你會說「我渴望休息，討厭加班」，但如果你成為一名老闆，就會改變想法，希望員工天天加班；如果你是學生，你可能會討厭學習，喜歡玩樂，但如果你是一名教師，你會想方設法讓學生認真學習……這些，都是角色轉變引起的思維變化。

許多行業內頂尖的行銷公司在寫文章時，都會先讓內部的員工選擇一百個角度，再從這一百個角度中反覆討論，進行篩選，最終確定一個。不過我認為這種做法有些低效，它就像買彩券，你永遠不知道自己什麼時候會中獎，也不知道這一百張彩券裡面你能不能中一個。

最簡單的方法其實只需要代換角色，這樣，你不需要想出一百個角度，只需要列出十個角度，就會選出你想要的選題。所以，其實最簡單的創意來源就是代換角色。

方法二：硬組合，造就反差

你可以回想一下，每年七夕的時候，網上都會出現很多文章，比如〈單身久了真的會得單身癌〉、〈比男友更可怕的生物是什麼？〉、〈今年七夕你在幹什麼？〉……諸如此類的話題，屢見不鮮。

年年歲歲節相同，歲歲年年文類似。我們每年都創作千篇一律的文章，最終會導致看的人看厭了，寫的人寫煩了。但是沒辦法，因為我們想不出新的角度。

你知道我所在的團隊當時想出了什麼角度嗎？

想必很多人在七夕當天看到過我們寫的文章〈七夕，我帶你去民政局看別人離婚〉，這篇文章的瀏覽量高達千萬，令很多同行驚嘆，七夕的文章居然還有如此新穎的寫法！其實，在千萬瀏覽量的背後也有著不為人知的辛酸，這個選題是我們在幾百個選題中進行無窮盡的腦力激盪後得出的結果。但是之後我在總結方法的過程中發現，其實這個選題其實不難想到，其方法就是：硬組合。

也就是說，把兩個完全不相關，甚至是相反的東西組合在一塊，會給讀者強烈的認知刺激。這樣的組合往往會產生很多有意思的選題。

回顧這篇文章的思路：七夕本身的含義是什麼？表白、甜蜜、在一起。七夕含義的反面是什麼？失戀、分手、「單身狗」[9]。最極端的分手方式是什麼？離婚。

在這個思路之下，就產生了「七夕，在民政局看別人離婚」的選題。運用同樣的方法，我們還寫過一篇題為〈中秋節，那些永遠回不了家的人〉的文章。中秋節前，我們前往北京八寶山等墓地進行採訪。你可能認為中秋節去墓地採訪是件聽起來有些恐怖的事情，但其實在這個被賦予「團圓」含義的節日裡，確實會有很多人去墓地祭拜自己的父母、朋友、愛人。

一個墓碑上刻著這樣一句話：「你的英靈化成一隻小鳥，在初春的晚霞中，來到我的心田中築巢。」這是三十年前，一位老先生寫給他的愛人的墓誌銘。當時，我被這份純粹的愛意深深地打動了。時至今日，不知當年的老先生是否健在，但是他為愛妻留下的碑文是永恆的，無論是誰看到都會為之動容。

將中秋節這個象徵團圓的節日話題與永遠回不去家的人、無法團圓的這類群體組合在一起，也就是我們所說的硬組合，進而可以製造反差。

運用「硬組合」的技巧，可以分為兩步驟。

一、**明確事件的主題**：首先要明確一個熱門事件中最突出、最能體現本質的主題詞彙，比如七夕佳節的「愛情美滿」、錦鯉楊超越事件[10]的「好運」等。

---

[9] 單身狗：網路流行用語。指適婚年齡但未有伴侶的青年，常用於自嘲和調侃。

[10] 錦鯉楊超越事件：中國歌手楊超越因演藝事業一路順遂，被稱為有「錦鯉」（好運）體質，更因網路轉傳而引發大量搜尋與討論。

二、**確定一個與之相反的主題，把兩者結合**：這一技巧的亮點就在於與主題詞完全相悖的另一面，比如七夕佳節談「分手和離婚」、錦鯉楊超越事件中談「倒楣」等。

公眾號「萍語文」在父親節到來之際發布文章〈沒有父親的父親節〉，有意無意地，也是使用了硬組合。

你走以後，母親頭髮花白，人生只剩餘生。她一個人洗衣疊被，一個人提籃買菜，一個人從繁華街市回來。母親喜歡坐在廊前看流雲，她不知道，哪一朵是隨風而去的你。

你不在，我漂到哪裡都是異鄉。唯有月如水時，唯有風乍起時，唯有天欲雪時，我才會在人潮人海中忽然淚如雨下。

世界上最疼愛我的那個人，已經去了比遠方更遠的地方。於是，我羨慕天下所有的父親：割麥打穀的父親，提籠架鳥的父親，無酒不歡的父親，嬉笑怒罵的父親……如果父母是歸途，父親在，我們還有山路；父親走了，我們只剩水路。

好想好想，穿越時光回去看你，你在樹下送我去遠方，你告訴我：去追吧，別回頭！那時我不懂，每個人都只能陪我走一段路，所謂父女，就是你目送我去遠方，我目送你去天堂。

硬組合是更高級的選題技巧，吸睛效果更好。就像一枚硬幣總有正反兩面一樣，一個熱門事件，也有正反兩個角度。按這個思路展開，可供撰文的選題瞬間就精采了許多。

硬組合還有一個重點叫「造概念」，很多爆紅選題或爆紅課程，一定都會用到這點。有篇題為〈湖畔大學梁寧：比能力重要一千倍的，是你的底層作業系統〉的網路文章這麼寫：

你和雷軍最大的區別在哪？是能力嗎？不，是底層作業系統不一樣。「如果把人想像成一部手機，人的情緒是底層的操作系統，他的能力只是上面一個個的應用程式。」湖畔大學的梁寧說。

梁寧被譽為「神一樣的產品經理」。雷軍說她是「中關村的才女，思想深刻，洞察力強」。美團的王興、歡聚時代[11]的李學淩、美圖[12]的蔡文勝、豆瓣[13]的阿北（楊勃），諸多圈中大佬，都對梁寧讚譽有加。

> 如果把人比作手機，你的某些應用程式是比雷軍要厲害的。

這是這篇文章的開頭部分，一開始就吸引住讀者。先舉出一位風頭正健的網路領軍人作為背書，然後提出了一個似是而非、大家看不懂的概念，「作業系統」，還把人比作了手機。很多讀者看到這裡就產生了興趣：

「沒聽過……」

「聽起來好厲害……」

「人居然可以是手機？還有作業系統？」

接下來作者一一解釋「作業系統」的概念，讀者恍然大悟。其實去掉這個「作業系統」的包裝，講的還是以前的那些老東西，諸如努力、知識多元化等。《聖經》裡有句話說得好：「太陽底下無新事。」這句話同樣適用於這裡。因為千百年來人們的需求從來沒有變過，大家喜歡的事物、關心的事物、想看的事物，還是努力、奮鬥、逆襲、愛情這些。只是大家看多了這些類型的東西以後，我們就需要給它們加一個好看的外衣，讓它們變成沒見過、沒聽過、沒那麼熟悉的事情。這種批外衣的方式就是「造概念」。

這也就是硬組合裡的另一個重點：跨界組合。它是指把兩個完全不相關的事物結合在一起，用另一個領域的知識去解釋這一領域的事物。像梁寧提出的「底層作業系統」一樣，把來自產品領域的概念用到人生奮鬥的領域時，大家會覺得這個解釋很新穎、很獨特。

方法三：以小見大

進行新媒體培訓的時候，我經常會問學員一個問題：如果讓你在一分鐘之內來描述一下非洲，你會怎麼說？

大家的回答五花八門，有人說非洲地大物博、有人說非洲窮、還有人會談論

⓫ 歡聚時代：中國社交媒體平台，以遊戲、直播、語音溝通服務為主。
⓬ 美圖：中國資訊科技公司，以開發拍照修圖軟體而知名。
⓭ 豆瓣：中國社群平台，以書籍影音的交流為主，亦有線上資料庫功能。

非洲的氣候。不過描述大都缺乏一定的吸引力，因此很難讓人記住。

後來我分享了我的想法：說起非洲，我覺得非洲的精髓都展現在非洲象身上，而非洲象也可以形象地代表非洲。接下來在一分鐘的時間內，我詳細介紹了非洲象，講完之後，全場竟然掌聲雷動。

當我們在描述一個特別大的概念或者事物的時候，很難做到在有限的時間內講得面面俱到，所以我們可以選擇聚焦在概念所包含的一個小點上講，這個方法就是「以小見大」。

我有一個朋友要參加某個演講節目，邀請我幫他修改演講稿。他選的演講主題非常宏觀，叫〈我與改革開放四十週年〉。我當時就對他說：「如果你要寫改革開放四十週年的故事，一定不要「假、大、空」，因為沒有人願意聽假話、大話、空話。可以寫一個你的爺爺、奶奶的故事，來具體地講述村莊的變化。例如，有一天，你和爺爺走在路上，那天下了很大的雨，爺爺看了看天空，語重心長地對你說：「現在真好啊，想當年村裡一下雨，人們就出不去了，因為路會非常泥濘。你看現在，從村頭到村尾，全部是柏油路，無論下多麼大的雨，出門也不怕濺一身泥了。改革開放四十年，我親身經歷了咱們村的變化，以後你要好好努力，報效國家。」

他甚至不一定要解釋什麼是改革開放，就單說村裡的路就完全夠了。這樣由一個小點出發，寫得深刻，也很容易打動人。

同樣的道理，講友情、講愛情等各種宏觀概念的時候，也要從一個非常小的點切入。

比如寫懷舊，很多人可能會從宏大的視角出發，寫時代、談青春，這樣其實是很難寫出爆紅文章，大家都會這樣寫，讀者早就麻木了。換個做法，從某個小視角出發，從某個小現象、小場景切入，寫起來會比較容易。

之前在寫青春的時候，我們便從一個很小的點切入：多年前我們還用的手機簡訊功能。

是不是已經很久沒有人給我們發簡訊了？現在我們收到的簡訊不是驗證碼，就是廣告，是沒有任何溫度、冷冰冰的文字。

我還記得剛有手機的時候，只能儲存兩百封簡訊，所以得經常清理、刪除，最後留下的每封簡訊都非常珍貴，每一封簡訊就代表著一段故事：比如，「你穿校服真好看」、「放學一起走啊」、「你知道德芙是什麼意思嗎？」。

於是我們用手機簡訊這個小的切入點，寫了一個關於青春的故事。

可能我們有時會翻到以前的手機，然後就想讀一讀曾經的簡訊。裡面有什麼呢？某某發給你的「Do you love me?」，一下子就把你拉回到了十幾年前。

只需要一個或幾個非常小的切入點，就能把青春講得非常動人。這就是以小見大的魅力。

另一個例子，是每年六到七月的「畢業季」。作為一個重要的時間節點，媒體肯定不會輕易放過。各種畢業季文章和告別活動接踵而至，一波一波滌蕩著畢業生的心靈，用感動的淚水換取超過十萬的瀏覽量。

如果你看過二十篇以上畢業季主題文章，你一定非常熟悉這段開頭：

時光淺夏，六月

又到了盛滿梔子花的畢業季

拿著論文走上答辯的講臺

帶著笑容拍下美好的畢業照
卻在某一瞬間才意識到
原來離別的時刻
早已在不經意間到來

唯美動人的場景描寫，委婉表達畢業時依依不捨的情感。緊接著後文便是：

這一刻，且讓時光走得慢一些，讓這告別的憂傷走得慢一些。讓每一個擁抱都充滿理解和諒解，讓每一次揮手都充滿真心和祝福。曾經為了一道題爭吵得面紅耳赤，曾經勾肩搭背走向籃球場，曾經你追我趕地在校園追逐……同窗，是歲月的饋贈，如果曾經有過激烈的爭吵和矛盾，這一刻也該在握手之後煙消雲散了；同學，是命運的眷顧，如果曾經有過誤會和不解，這一刻在擁抱之間也該冰釋前嫌了。此後，各奔東西，一生又還能相聚幾回？

在如今這個快節奏的生活狀態中，這種泛泛的抒情表達已經不能滿足讀者的閱讀需要，因此沒有人會浪費時間來讀這般文章。

那在「畢業季」的背景下，我們該如何思考選題呢？大選題，小角度，以小見大，就是我們的祕訣。

畢業時涉及的事情非常多，有人要到新的學校繼續學習進修，有人要步入社會面臨就業；有人因為「被當」不得不重讀一年，有人因為成績優秀而收穫一堆榮譽；有人面臨畢業季就是分手季的困擾，有人畢業前才剛剛得到愛情……我們必須立足於生活實際，用心感受生活裡的喜怒哀樂，才能發現畢業季裡最打動人的小話題。

例如，公眾號「百度」曾推出過一篇爆紅文章〈大學畢業了，她要回老家，我該怎麼辦？〉，便是以畢業季為背景，以愛情為主題，以分別為痛點，以某一對大學情侶的故事作為主線，極具看點，迴響也非常熱烈。

運動鞋品牌 New Balance 天貓店曾為了宣傳產品，推出「你欠青春一張返校照」主題活動，同樣是在畢業季的背景下，以手機上可轉傳的互動式網頁為載體，以畢業照為主題，以畢業後返校為痛點，抓住畢業生多年後回母校再拍一張照時的感慨，獲得了非常好的宣傳效果。

再次回顧，當我們要寫一個熱門話題的時候，首先要分析事件裡面有幾個角色，每當我們代換不同角色，就會有不同的思路。這是第一種方法，「換角色」。

第二種方法是「硬組合」，就是把兩個完全相斥的東西組合在一起，像七夕看離婚，中秋節看回不了家的人。

第三種方法是「小見大」，當我們在講述一件很宏大的事物時，一定不要從大的方面來講，而要聚焦一個小點把這件大事映射出來。

這三種方法都非常簡單，能迅速上手，「用傻瓜式操作，換大神級效果」。我們要透徹運用這三種方法，才能舉一反三，靈活變形。同時不要忘記這三種方法還可以交叉使用，互相補充。

4 想做內容行銷，如何收集題材？

在前文中，我講述了如何用熱門事件選題製造爆紅文章。接下來想和你分享可以用哪些方法來收集選題，包括如何找熱門話題；除了熱門話題，你還可以寫點什麼；以及製作爆紅文的方法，在做廣播（Podcast）、影片或其他內容時應該如何應用。

我在前文中提過，撰寫熱門事件的重要方法之一是看社群網路的話題評論。其實，找熱門話題的途徑遠不只「轉發最佳評論」這一條。

除了閱讀評論之外，我們還可以時常查看熱搜關鍵字。熱搜關鍵字會即時更新最火紅的話題。許多社群都會依據熱搜關鍵字中的話題進行選題策劃，所以我們需要盯緊關鍵字，快速尋找時下大眾最關心、最願意看、最願意談論的話題，基於大眾關心的內容發表你的看法，這樣才能吸引讀者。

比如「錦鯉信小呆」便是典型的網路爆紅事件。二〇一八年九月二十九日，支付寶[14]發布一項活動，稱將在十月七日抽出一位集全球獨寵於一身的「中國錦鯉」。這條抽獎訊息被火速轉發，席捲了每個人的頁面，截至獲獎名單公布那日，累計轉發量達兩百六十萬。隨著活動的討論熱度的不斷攀升，人們關注的焦點也漸漸從豐厚的獎品轉向了「誰會成為這近三百萬分之一的幸運兒」？而「信小呆」最終成為這個「天選之子」。

十月七日上午，支付寶公布了中獎名單，一瞬間，「信小呆」的身分就從「普通網友」躍升為「中國錦鯉」，宛如史詩級的跨越，與此前的歌手楊超越一同成為網友競相轉發的「好運錦鯉」，迅速引發全民討論。各大媒體更緊追熱門事件撰文，發表不同的看法，而商家則開始模仿支付寶此次的行銷活動，在微信平台上搞得風生水起。從「錦鯉」的社會語境出發，結合我們前面所講的爆紅選題技巧，還可以繼續帶動全民狂歡，創造下一篇百萬點閱的爆紅文章。

你可以留意一些找熱門話題的途徑，比如手機應用程式「微博鮮知」。它告別了以往滿版的廣告和八卦娛樂新聞，使用者所看到的內容都是精挑細選，只需關注一個主題，就能持續看到相關的精選內容，以達到更高效、更專業的追蹤話

⓮ 支付寶：第三方支付平台，現為中國主流的付款方式。

題效果。對於自媒體人來說，這類平台聚合最火紅的社群內容，為自媒體人尋找熱門事件提供了快捷的管道。

又如平台「即刻」，它的定位是「年輕人的興趣社區」，使用者可以透過它關注自己感興趣的人物、事件和資訊。它會追蹤相應的事件動態，並透過推送通知讓使用者及時獲取自己關心的資訊。在某些程度上，這也是個資訊聚合與個性化的推送平台。

除此之外，還有排行榜類型的平台，如「新榜排行榜」和「搜狗微信熱搜榜」。在這兩個平台上可以看到網路文章的瀏覽量排名，也很容易就能發現熱門話題。新榜定位自身為「內容創業服務平台」，以榜單為切入點，向眾多企業和政府機構提供線上、線下資料產品服務，其「號內搜」、「新榜認證」、「分鐘級監測」功能獲得了廣泛應用。

也推薦你關注一些新媒體人，或加入新媒體人的社群，多研究他們的言論和發布的文章。圈內朋友常笑談，做新媒體人，敏銳度就要像狗一樣，有一點兒風吹草動，很快就能發現其中的熱門話題。

多向新媒體人學習，不僅可以發現話題，還可以研究他們日常在寫哪類內容。畢竟，除了追熱門事件，還有許多選題可做文章。「工欲善其事，必先利其器」，在選擇選題前首先要理解一個概念——讀者思維。選題一定要和目標讀者相關，唯有選擇讀者想看的、喜歡看的內容，文章的點閱率才會高。所以，找選題的前提是，明確你的目標讀者是誰。比如新世相和羅輯思維⑮的受眾一定存在著差別，假如羅輯思維發表一篇超過十萬瀏覽量的文章，換在新世相上發表，未必會有同樣的效果。

接下來，介紹三個尋找選題的方法。

第一個方法是關注一些粉絲基數大的自媒體平台。前述提到的「新榜」的榜單上不只有公眾號文章的排名，還有按照不同類型劃分的社群排名。⑯

建議尋找和自己寫作領域相同的社群，比如體育類、情感類、科技類等，關注同寫作領域中優秀的社群，仔細研究它們的日常選題。如果你要寫體育領域的文章，既有「虎撲」這樣的大型平台，也有像「張佳瑋」這樣的專業名人；如果

---

⑮ 羅輯思維：網路知識型影音節目，由自媒體人羅振宇所主持、製作。

⑯ 例如財經類微信公眾號平台投資明道、財經要參；科技類平台如果殼、虎嗅、酷玩實驗室、烏鴉校尉等；百科類平台如知乎，皆是近年相當活躍的社群。

你要寫時尚圈的文章，既可以學習《哈潑時尚》等專業雜誌，也可以學習「深夜發痴」中素人變裝的內容。每個媒體都有自己獨特的風格和定位，你可以從它們日常的推送文章中挖掘出符合自己的社群定位的選題，或一些特別有趣的選題。

以我為例，我主要寫情感類的文章，所以會在微博上關注一些情感類博主，例如「搞笑段子」，參考它們內容的按讚數和評論，把它作為選題素材。

第二個方法是根據內容定位來關注一些平台。如果你是影評寫手，一定會關注豆瓣，因為在豆瓣社區裡，經常會有人討論和電影相關的話題，比如電影榜單、電影評分、電影評論……這些都可以作為選題。

如果你想尋找一些深度分析的文章，或者想寫一些比較理性的文章，知乎是一個非常便捷的平台。你可以在上面尋找相關的話題，話題的評論中總是不乏優質的回答，挖掘其中的觀點，可以為選題提供參考。當然，如果你想找一個話題的反面論調，也可以去知乎搜尋相關的內容，其評論中自會有各式各樣的分析，指出其中很多不合理的地方，這些評論內容可以幫助你在做選題的時候發現不一樣的角度。

例如，有一個擺在現實面前的問題：為什麼畢業三、四年之後，同學之間的差距會愈拉愈大？你如何切入這個選題呢？個人努力、人生機遇、家族傳承……從每一個不同的個體考慮，我們都能找到不同的影響因素，所以這些都不是普世性的回答。

而知乎上專業領域的「大神」們給了我們什麼啟發呢？透過採訪數位年紀輕輕就實現年薪百萬元的九〇後青年，利用各種資料和圖示，總結出來一點：工作後的成長差距，本質上可以分為認知差距和能力差距。能力差距是線性的，依靠個人學習和努力還可以彌補，但是成長的差距依然在拉大，這就是證明認知差距存在的理由。

你可能社會調查做得不到位，可能專業知識不如別人豐富，但依然可以透過學習和研究專業領域的調查，基於科學的結論，結合身邊的故事，用平易近人的語言表達出來，這樣不僅能闡發哲理，而且更貼近人性，可以引發共鳴，不至於讓人難以理解。

如果你想做一些單純、小而美的內容，在抖音⑰尋找靈感最為合適。抖音上

⑰抖音：一款手機應用程式，使用者可於其中創作短影片，並與其它使用者交流。

的各種場景和生活搞笑短劇，都是深受網路讀者喜愛的素材和選題。

第三個方法是關注評論。比如網易雲音樂，很多人只是用它來聽歌，但對我而言，看其中的歌曲評論是我的一大樂趣。裡面的評論內容非常豐富，包含著聽歌者自己的故事，有時令人印象深刻，有時令人潸然淚下。這些故事都是選題的素材，可以嘗試從不同的角度挖掘不同的主題。也有不少自媒體靠整理和轉發這些熱門評論來吸引粉絲，其中感情故事占據了很大一部分。

創作爆紅文章的選題收集方法主要有這些，接下來的內容可以看作是舉一反三。我們所講的爆紅文章的選題思路，其實不只可以用在寫文章上，拍廣告、拍電視劇也有異曲同工之妙。所有內容產品的底層邏輯都是一樣的，就目前來看，最終的結果也完全符合我們所講的邏輯和規律。無論如何，你必須做讀者想看的，讀者才會買單。

是否看過電影《妖貓傳》和《前任3》？作為同期上映的電影，它們的票房走向卻截然不同。《妖貓傳》無論是從成本投入上，還是團隊陣容上，都可以說是直逼奧斯卡的豪華配置：投資九．七億元、陳凱歌擔任導演、王蕙玲擔任編劇、眾多一線明星參演，甚至為了影片拍攝專門建了一座唐城。再看《前任3》：投資五千萬元，一個不太有名的導演加兩個熱度一般的男明星。兩部電影最終的票房一個是十九．四億元、一個是五．三億元，只不過擁有十九．四億元票房的是《前任3》，直逼奧斯卡的團隊，敗給了簗夢演藝圈的團隊。

為什麼《妖貓傳》只收穫了五．三億元的票房？因為國人推崇大師的時代已經過去了。沒有人關心你，觀眾關心的是他們自己。

《妖貓傳》講了一個別人的故事，而《前任3》講的是我的故事。很多朋友在看《前任3》的時候，看的不是演員鄭愷、不是韓庚，而是他自己，影片非常有代入感，看電影的時候，就是在看自己。而《妖貓傳》呢？它講了一個楊貴妃的故事，可是，誰真正在乎呢？

同理，姜文執導的《邪不壓正》為什麼不紅？因為姜文用的還是曾經的方法，但是觀眾已經不是曾經的觀眾了。如果《讓子彈飛》現在上映，效果也可能會不盡如人意。因為時下的觀眾的特點是：我覺得我看不懂，我就不看了；你表達你的思想，我不想接受，我只關心我自己。

所以，我們前文所講的選題方法，包括寫熱門事件所選的切入角度，其實適用於所有內容產品。

再分析一部電影，《後來的我們》。這部電影的主題能紅，其實就包含了「十大選題元素表」裡的許多元素。

《後來的我們》講的是一對在異鄉漂泊的年輕人的愛情故事。十年前，見清和小曉偶然相識在歸鄉過年的火車上，於是兩人懷著共同的夢想一起在北京打拚，並開始了一段相聚相離的情感之路。十年後，見清和小曉在飛機上偶然重逢，雖碰撞出火花，卻再也回不到最初。

我們可以對照元素表來拆解一下這部電影，看看都有什麼？首先是「北漂」這個群體。其次，見清是小曉的「前任」，小曉是見清的「初戀」，這是愛情元素。除此之外，見清的爸爸對小曉還存在「親情」元素。我身邊的很多朋友說，前面的感情戲沒有感動他，卻被見清爸爸的親情戲感動了。這一系列劇情安排說明，影片的製作團隊非常瞭解使用者，知道什麼元素可以打動觀眾。其中的資訊量非常密集，多種元素混合在一起，就有更多的觀眾可能被打動，也就再一次驗證了我們前面所講的內容。

還有一部電影叫《無名之輩》，與《後來的我們》中的設計項目不盡相同。

它涉及的群體元素是社會底層毫不起眼的「小人物」，觸動人心的情感元素是「奮鬥」與「拚搏」，為了女兒、為了結婚、為了出人頭地、為了賺錢養家、為了生活和夢想的奮鬥與拚搏。這部電影的爆紅元素其實不多，但針針見血。《無名之輩》說的是片尾字幕裡以路人甲、乙、丙、丁代替的那些沒有姓名的人。或許光是片名就能引起許多人的共鳴，激發他們的觀影欲望，畢竟在世界上，能呼風喚雨、光輝耀眼的人物少之又少，大多數人就只是默默生存的無名之輩而已。

除了電影，小一點的例子也通用。

二〇一九年一月十七日，短片《啥是佩奇？》在網路瘋傳，獲得非同凡響的一致好評，有「二〇一九年開年第一爆紅」之稱。

短片的敘事手法十分簡單，以爺爺去探尋「什麼是佩奇？」為主要線索，在經歷了查字典、向村民求助、發現名叫「佩奇」的網紅女主播、買佩奇洗髮精之後，終於在老三媳婦的告知下，知道了佩奇是一隻粉紅色的小豬。於是，爺爺利用家裡的鼓風機，經過噴漆、改裝之後，給孫子準備了一份「龐克風」的佩奇禮物。爺爺在探求「啥是佩奇」的過程中雖然笑料百出，背後折射出的卻是對孫子一句玩笑話的在意程度，正是這一份愛與在乎，戳中了我們內心最柔軟的部分。

短片的背景時間為返鄉過年的時候，切合現實社會臨近春節的時間如在老家的爺爺與在外工作的兒子、孫子三代人的對話一出，馬上喚起觀眾的團圓、思鄉之情，引發滿滿的情感共鳴，大家紛紛表示「看到哭了」、「讓我也想起爺爺奶奶了」，這是爆紅因素之一。爆紅因素之二在於農村老人和城市年輕人這兩大群體的對比。農村裡的爺爺資訊閉塞而不知佩奇為何物，城市裡的兒子只想接老人去城裡過年，兩類群體之間的鮮明對照也引發社會大眾的共情和思考。

我自己也曾經做過一個短影片案例，叫《戀愛盲測實驗室》，發布之後，效果非常好。

這個短影片就是完全按照寫爆紅文章的邏輯做的，使用的內容都來自十大元素表。我們講述了幾種愛情，進行了一場不看年齡、不看收入、不看職業、不看臉的測試。參加測試的人來到現場以後，第一次見到彼此的反應被我們捕捉了下來，做成了這個影片，結果受到了許多網友的喜愛，很多媒體主動幫我們轉發。

除了影片，社群經營也可以用到這個邏輯。比如微博上有一位粉絲數近五千萬的博主，名叫「微博搞笑排行榜」，他發的微博中百分之九十九的內容都在講四個字：愛而不得。緊緊結合話題，抓住愛情這個元素，前任、初戀、暗戀……

男女之間的這點事，方法都是一樣的。抖音中許多爆紅短影片也是如此。

業界比較典型的案例還有網易[18]推出的主題活動，往往都很能引起大家的共鳴，比如榮格心理學測試。可能從心理學層面來說，這一測試就是赤裸裸的「偽科學」，但它所測出的結果，都非常符合當代人的心境。比如說有網友測試出來的結果是：「某某，你的外在人格是戰士，內在人格是孤兒。」這句話正好戳中當下年輕人的痛點，面對巨大的壓力，你不得不活得像一位戰士，可是偶爾靜下來，內心卻難免覺得空蕩蕩，像孤兒一樣無人理睬。

爆紅影片不僅要娛樂化，還要有能夠直抵人心、觸碰人性的效果。這一點，在《她掙扎四十八小時後死去，無人知曉》這部作品中體現得尤為明顯。這部動畫短片以第一人稱的視角，講述了一個小女孩及她的家鄉被「惡魔」屠殺的全過程。惡魔侵占了她的家園、掠走了食物，最殘忍的是一個個生命也喪於「惡魔」之手，女孩的爸爸媽媽為了拯救女孩的性命犧牲了自己，看到這裡不禁讓人唏噓。萬萬沒想到的是，劇情最後出現了轉折，「惡魔」現出真身，網友發現，原

[18] 網易：中國網路公司，以入口網站、搜尋引擎、電子郵件等服務為主。

來真正的「惡魔」是我們人類！被屠殺的對象並非其他，而是鯨魚！原來這是個以動物保護為主題的公益動畫短片，製作人透過黑白色的畫面，帶給觀眾一種「緊迫感」，而在這種緊迫感的帶動下，我們便更想要一探究竟，了解主人公「她」的遭遇。

總歸來說，選題是有限的，而創意卻是無限的。透過這些業界案例，我想要傳達給新媒體工作者一個信念：在有限的選題中找出無限的角度，結合不同的元素，選用不同的套路，形成效果迥異的爆紅創意，這是我們努力的方向，而且這並不難。

標題篇

如何寫出 0.01 秒
就吸引讀者的標題？

在搜尋引擎中輸入「標題」兩個字，幾秒鐘之後就會有數百條資訊映入我們的眼簾。「一百條吸引人的標題」、「文章起標題有何技巧」、「標題撰寫的基本法」、「醒目而吸引人的標題」……

回想日常生活中的細節，我們不難發現，其實標題無處不在：每天瀏覽的社群網路文章有標題，新聞需要標題，就連寫工作報告、年度總結時，為了能夠讓老闆眼睛一亮，我們都會絞盡腦汁地想一個好標題。正如「聽過這麼多道理，依然過不好這一生」一樣，許多人也面臨著「看過這麼多標題，依然寫不出一個好標題」的困擾。

最初做新媒體時，我也有著同樣的問題，經常想標題想到失眠，躺在床上望著天花板沉思整晚。為什麼標題如此重要？我們耗費大量的精力只為了一個標題，值得嗎？答案顯而易見——值得。

5 為什麼要下一個好標題？

不知道你有沒有類似的經歷，從第一次寫作文起，國文老師就常說：「標題起好了，文章的開頭也就立住了。」我當年的國文老師是一個四十多歲的文藝中年男子，每次寫作課他都會點名讓同學們評價範文的標題好在哪裡，有什麼地方需要改進，然後再點評一番。在他的教導下，至今我都記得標題的作用，例如概括文章的主要內容、作為文章的線索、具有象徵意義、吸引讀者閱讀興趣……不過，在社群網路蓬勃發展的今天，我們國、高中時代學習過的標題的作用似乎有了些許改變，那些曾經背誦無數遍的標題，其作用和現實生活之間的聯繫遠不如和分數之間的聯繫密切。換言之，如今我們對標題的需求不同了。唯一沒有改變的，是標題的重要性。

不妨回想一下：我們每次打開社群網站頁面的時候，會同時看到許多文章，最終卻只選擇一篇文章來閱讀。問題來了：你為什麼會點開這篇文章？促使你決定點擊進入閱讀的原因是什麼？其實答案很簡單，只有兩個字——標題。

和你分享一份資料。讀者看到一篇文章的標題，決定要不要點擊閱讀的時間是多久呢？只有〇．〇一秒。也就是說，如果一篇文章的標題在〇．〇一秒內沒有吸引住讀者，幾乎就使它失去了被閱讀的機會。即使作者為了寫這篇文章花費了幾個小時、幾天，甚至幾個月的時間，並且文章內容豐富、選題新穎、邏輯嚴謹……但讀者沒有閱讀，這些就都失去了意義。

就像找工作，你個人能力強、工作經驗豐富、本科系畢業，偏偏履歷做得很差，人資專員在履歷這輪篩選中就把你淘汰出局了，你的所有才能都失去了展示的機會。但如果你能多費一些心思，認真排版、仔細設計內容，讓你的履歷在眾多應徵者中脫穎而出，就會優先受到人資專員的青睞，進而願意去了解你的能力、經驗。標題如同履歷一樣，是走向成功的敲門磚，同時也具有決定性的因素。

在讀者一掃而過的瀏覽瞬間，只有文章標題足夠吸引眼球才能獲得讀者的更多關注，進而促使讀者點閱，最後才會有所謂的高瀏覽量、高轉發率。如果你對數據感興趣，可以回想或自行查找一些瀏覽量超過十萬或破百萬的文章的標題，做一個對比的表格，再選取幾個你較常閱讀、比較喜歡的社群，將它們的文章標題和瀏覽量資料做一個對比，自己初步探索瀏覽量和標題之間的關聯。

如果你是社群平台的經營者，之前沒有或極少做類似這種的瀏覽量資料分析，我建議你做一個長期的數據追蹤對比，要特別注意從對話和朋友圈中點擊的次數，這對於社群的定位和發展大有裨益。實踐是檢驗真理的唯一標準，標題的重要性不是我講出來的，而是有數據作為強大支撐。

既然標題有著如此重要的作用，我們該怎麼取一個能勾起讀者點閱欲的標題呢？在講具體方法前，先糾正發想標題時常見的三大誤區。

誤區一：標題愈長愈好

大多數人可能都聽過這樣一句話：「短標題已死，標題愈長，愈能吸引讀者閱讀。」事實上，這是一個沒有產品思維、很不尊重事實的論斷。

為什麼會這麼說呢？接觸過社群平台後台運作的人應該都知道，文章的標題在不同版本和型號的手機上顯示的字數是不一樣的。例如，同樣一篇文章，在安卓（Android）手機上可以顯示三十字左右，而在蘋果（Apple）手機上只能顯示二十字左右。如果一篇文章的標題超過二十個字，會造成許多讀者的手機顯示不全。試問，讀者無法看完文章的標題，會懂得文章的主題嗎？如果不知道文章的主題，讀者還會願意打開這篇推文嗎？

不過，這也不代表短標題就一定是好的、能吸引讀者的。既然讀者會因為標題過長，看不懂文章的主題而不願意點開文章，那是不是也會因為標題過短，不能充分理解文章的主題而放棄點開文章呢？因此，過分追求標題字數的多與少是沒有意義的。之所以不提倡標題過長，首先是從技術層面考慮；而從內容層面來說，標題過長或者過短，都不利於吸引讀者點開文章瀏覽。如此，標題字數適中即可，最重要的還是能夠吸引讀者點開標題閱讀文章。

誤區二：標題的訊息量要大

曾經有個朋友讓我幫忙修改一篇文章的標題，它的原標題是這樣的：「農村婦女做自媒體月入破萬：別在前途光明的行業裡，選擇失明」。

讀完這個標題，你有什麼感受？我問了身邊的幾個朋友，大家的普遍感受可以用三個字來概括：看不懂。前途光明的行業是什麼行業？農村只有自媒體行業前途光明嗎？農村婦女做自媒體怎麼了？這件事和我有什麼關係？

後來，我幫她把標題改成了：「農村婦女做自媒體月入破萬，你呢？」

我為什麼這麼改呢？我們先來簡單地分析一下原來的標題，它恰巧存在我講的兩個誤區。

第一，這個標題過長，讀起來費勁，難以吸引讀者的閱讀興趣。

第二，原標題的資訊量過多，不夠聚焦。「農村婦女做自媒體月入過萬」和「別在前途光明的行業裡，選擇失明」這兩句話都有不錯的立意點，單獨而言能夠吸引讀者，但是放在一起就顯得冗長，有些畫蛇添足，成為事倍功半的反作用。

所以，我選擇把後半句直接刪掉，同時強化了前半句，在標題的末尾加上一個「你呢？」。這樣看似平淡、不起眼的小反問句，加強了文章和讀者之間的聯繫，形成與讀者的互動，使讀者產生了好奇心，不禁反思：「農村婦女月入破萬，為什麼我每天朝九晚九地上班，卻只有五千元的薪水？」

最後需要再強調一點，當我們在下標題時，要多想一想「少即是多」這句話，將注意力集中在一個爆點上，有時遠勝於將所有的爆點全部呈現給讀者。就像糖吃多了，就忘記甜是什麼味道；讀者透過標題接收的爆點太多時，反而不容易產生好奇心了。

誤區三：標題的作用就是概括文章內容

這也是很多人在下標題時最常進入的誤區。我們之前在學校讀書時，國文老師經常強調標題的作用是概括文章內容，再加上傳統新聞稿的影響，使得許多人習慣於把標題當作是對文章內容的高度概括和總結。傳統媒體的新聞稿標題之所以需要高度概括文章內容，是受其體裁和內容需要的影響。但是從事新媒體行業，特別是自媒體，需要根據自媒體本身的特點來進行調整。

一則典型的報紙新聞的標題——「廣州白雲機場兩日接送遊客超過四十一萬人次」，這個標題就是高度濃縮和概括文章內容。報紙的版面有限，內容呈現的方式以圖文並茂為主。當標題和正文是同時呈現時，要求標題要非常簡練，最好可以對內容做一個高度概括和總結，這樣讀者在看報紙的時候，即使是在時間很短的情況下，只需要掃一眼標題，就能收穫重要資訊。

然而，標題也需要根據載體的不同來進行區分，從而使標題發揮正確的作用。報紙新聞標題的作用是高度概括文章，為讀者節省時間；而新媒體文章的標題只有一個目的，就是吸引讀者打開，這一點一定要牢記。

在我剛做新媒體的時候，常常為取一個好的標題而感到心力交瘁。有時候花費一夜想出來幾十個標題，自己再一條條否定，最終精挑細選、反覆修改一個標題，結局卻是被否定。所以我後來在網上查找了許多好標題的「生產」方法，又研究了數千個好標題，取其精華、去其糟粕，終於形成了一套取標題的方法。

談起「好標題」，可能大眾的第一反應是類似「快看，幾小時後刪除」、「震驚！某某竟做出……」這般的標題。的確，在新媒體剛興起時，這樣的標題能夠快速吸引讀者。但是如今新媒體行業不斷發展，競爭日益激烈，好標題早已不再是最初缺乏道德底線的「標題黨」了，因為它們已經被時代所淘汰，被人們所厭惡。好的標題不僅要吸引人，更要貼合時代，符合主流。追求點閱率、瀏覽量絕不代表沒有底線和道德，這也是每一個從事新媒體行業的人所應該堅守的職業操守，唯有如此，網路社群才能長遠發展，行業風氣也才會愈來愈好。

接下來想分享我個人歸納的下標題方法，在幫助你寫好標題的同時，也是將好的方法不斷傳播、優化的過程，使我們共同進步和發展。

6 引起讀者興趣的八種標題寫法

好標題的判斷標準是什麼？是讓讀者願意打開閱讀。讀者怎麼樣才會願意打開閱讀？是和讀者形成互動，能讓讀者增長知識，還是涉及明星八卦？

其實都不是，追根究柢，答案只有三個字：感興趣。讀者對標題感興趣，就會促使他點擊文章進行閱讀。

有同行向我反映：總是猜不透讀者心理，不知道讀者在想些什麼，搞不清究竟什麼樣的標題讀者才會感興趣。當我遇到這種問題時，會使用兩個簡單的方法來解決。首先可以置換自己的角色，不再是內容生產者，而是受眾，用受眾的思維來思考：我會喜歡什麼？想要看到什麼內容？但使用這個方法時也要注意，不要沉浸在自己的喜好和設定裡不能自拔，要區分受眾的喜好和你個人的喜好。

其次是「擇其善者而從之」，根據自己所經營的社群定位和風格，尋找幾個較為類似、比較成熟的社群媒體，透過觀察這類社群的標題和瀏覽量，揣摩讀者對什麼類型的標題感興趣，之後再對照自己的不足之處改進。

我所歸納的製作好標題寫法，沒有複雜的招數和套路，而是用最簡單直接的方法換取最快速的成功，簡單易懂，只需要兩步即可做到。

第一步，是找到「關鍵詞」。

第二步，是將關鍵詞代入我為你設定的八種標題句型中。

什麼是關鍵詞呢？我認為關鍵詞就是當大眾看到這個詞以後，不需要經過大腦思考，下意識就會點擊的詞語。請先閱讀以下這段文字：

在朋友圈曬「十年前對比照」的人，都逃不過這三個詞：結婚、離婚、至今單身。

十年前，我們還是年輕氣盛、一臉單純，對電視劇中描繪的美好信以為真。每天最大的樂趣就是守著電視機等待喜歡的劇集播出，最大的煩惱也不過是父母叨念，還有作業和貪玩之間的抉擇。

十年後，看劇的人變成了能獨當一面的大人，劇中的人也沒有逃脫時間帶來的巨變。

曾經紅遍大街小巷的電視劇，成了年輕人口中的老古董，卻是我們一遍遍細細品味的回憶和青春。幼稚又熱血的愛情，我們也只能在偶像劇裡回味。十年，我們把愛情的轟轟烈烈存進年少時最愛的劇集，渴望平淡過一生。十年，回不去的時間，求不來的蛻變。十年，改變的不只是世界，更是你我。我們擁有了回不去的時間，也有了求不來的蛻變。（節選自微信公眾號「視覺志」）

這段話有三百多字，在閱讀完之後，你肯定會從其中找到幾個特別容易記住的詞語，比如「十年」、「愛情」、「青春」等。這些令你感到印象深刻、容易記憶的詞語，其實就是我們所講的關鍵詞。取好標題的第一步，就是要將文章中的關鍵詞提煉出來。那麼，我們怎麼知道自己找的是不是關鍵詞呢？這裡提供兩個簡單易行的方法。

驗證關鍵詞的第一種方法，利用搜尋引擎的「搜尋趨勢」功能就能完成。在搜尋欄位裡輸入你想查看的任何詞語，都能看到它的二十四小時、七日、一個月、三個月的熱門程度。例如我利用微信的「微信指數」功能，在搜尋欄位裡輸入「劉昊然」三個字，某日的指數是二十三萬，比前日下降了三．九三％，而五天前的熱度指數為三百六十萬，比前日上升了一四八〇．五八％。我猜測那一天劉昊然可能是有什麼節目或者作品上線，所以討論熱度比較高，當天他的名字就成了「熱搜關鍵詞」。如果在那天的推文的標題裡使用他的名字，搜尋的人會相對較多，瀏覽量也相對會高一些。

使用這個方法時，要注意貼合自己的推文內容，不要強行蹭熱度、尋找關鍵詞，如果文章內容和標題偏差較大，容易引發讀者不滿，會起到反作用。但總體而言，這個功能對於確定關鍵詞的效果還是不錯。在寫文章標題時，可以把自己想到的關鍵詞輸入程式中，查看其熱門指數，就能很快判別受眾對這個詞感不感興趣，然後你再參照實際情況，考慮是否要將這個詞語放入標題中。

驗證關鍵詞的第二個方法，和我們前面提到的判斷受眾對標題是否感興趣的方法有些類似。我們在下標題時可以去一些優秀的社群上看它們瀏覽量最高的文章標題，觀察它們使用哪些詞語；而哪些詞語的重疊程度、出現頻率較高，那麼這些詞語就是關鍵詞，我們可以參考這些詞語，用在自己的標題當中。

運用以上兩種方法找到關鍵詞後，接下來應該如何使用呢？這時就需要套用標題範本。我總結了八個標題範本，用來說明如何又快又好地寫出高點閱率的標題，提高文章的瀏覽量。

方法一：數字法

在使用關鍵詞時，加上一些數字會達到更好的效果。先來看幾個例子：

超過百分之九十的情侶，根本沒有愛情

只需兩百塊，讓你看起來年薪兩百萬

弄清楚這五點，再決定要不要堅持

十八歲以上讀者，請在小孩陪同下閱讀本文

試問，誰不想二十五歲賺三億美元啊！

看完以上幾個標題，你對這些文章感興趣嗎？想要點擊進去閱讀這篇文章嗎？這幾篇標題中帶有數字的推文的平均瀏覽量都達到了十萬以上。《人類大歷史》一書提出這樣的觀點：「人類大腦天生對數字敏感。」我們的大腦生來就不喜歡太複雜的資訊，而數據有利於簡化資訊，降低我們接收和理解的成本，所以，相比文字而言，數據資訊會比較容易觸發人的潛意識，讓讀者忍不住就想點開閱讀。

在使用這個方法的時候，數字至關重要，你所選擇的數字要結合內容而定，具有不同的特性。例如標題「超過百分之九十的情侶，根本沒有愛情」，百分之九十這個數字較為誇張，令讀者覺得震驚——大部分人都沒有經歷過真正的愛情，那什麼才是真正的愛情？讀者會忍不住點進文章看一看。

又如「弄清楚這五點，再決定要不要堅持」這個標題中的數字需要結合內容，如果改為「弄清楚這五十點……」讀者點開後發現只有五點，會有受到欺騙的感覺，因此這類型的數據盡量不要誇大。

在「只需兩百塊，讓你看起來年薪兩百萬」這個標題中，兩百出現了兩次，第一次是兩百元，第二次是兩百萬元，兩者之間有一萬倍的差距，會給讀者造成重複強調和視覺衝擊——究竟怎麼做才能達到這樣的效果呢？許多優秀社群媒體的文章中有不少使用這種數字對比、數字重複的標題，瀏覽量大都超過十萬，並且標題和內容的聯繫也較為緊密，可以單獨進行研究。

在「十八歲以上讀者，請在小孩陪同下閱讀本文」這個標題中，沒有利用數字的重複和對比，而是採用了特殊數字來吸引讀者。十八歲是一個特殊數字，代表著成年，用一個數字把人劃分成了成年和未成年兩類，同樣會吸引讀者產生閱讀興趣——究竟是什麼內容的文章，我還需要孩子陪同閱讀？除此之外，這篇文章的題目還巧妙地運用了一個反差，「成人在小孩的陪同下閱讀」打破了以往兒童在成人的陪同下做某件事的慣性思維，這種反差的存在更加重了讀者的好奇心。

我們可以利用前面介紹的找關鍵詞的途徑，直接套用數字法寫出一個標題，例如「百分之九十五的女人都愛上過渣男」，「百分之九十五」這個數字很大，大到大眾一下子就想點開。換言之，若標題說百分之一的女人都愛上過渣男，那麼這篇文章就缺乏吸引力了。這就是寫好標題的第一個方法——數字法，它的關鍵就是數字。

至於是否使用誇大的手法或是特殊的數字才會有更好的效果，我們不能夠一概而論、以偏概全，需要根據具體的文章主題和內容進行具體分析。不妨多找幾篇使用數位法起標題的文章進行研究，萬變不離其宗，看多了自然就會有更深的領悟。

方法二：對比法

我曾經給化妝品品牌「大寶」寫過一篇文章，題目是〈你們在國內買 SK-II，老外在中國搶大寶〉。大寶市場部門的人看到這個標題感到非常開心，因為我把大寶和「神仙水」放在同一等級，把大寶比作是中國版的 SK-II。

而在我們傳統的印象中，提起大寶一般離不開兩個形容詞：實惠、好用。而提起 SK-II，許多女生可能會說：「昂貴不是 SK-II 的錯，是我貧窮的錯。」這個標題將比較便宜的大寶和昂貴的 SK-II 這兩種反差極大的商品放在一起，利用這種強烈的反差，無形中將大寶的地位提高了，最重要的是讓使用大寶的讀者也覺得自己的地位提高了——原來大寶在國外這麼受歡迎。

從事廣告行業的朋友可以結合自身的情況或者案例的特點，使用這個方法，說不定也會有令客戶稱讚不已的驚喜效果，從而避免陷入每天不停修改方案、靈感枯竭、急需激發的困境。社群媒體的經營者們在接到撰寫行銷廣告的任務時，也可以嘗試使用這個方法，特別是在創作廣告文案的初期，如何植入品牌廣告、品牌的宣傳語是什麼，這些都是十分重要的內容。前期基礎打得牢固，推廣效果好，客戶滿意度高，才會有更多的客戶慕名而來，有利於提升廣告價位，進而促進公司的長遠發展。從長遠發展來看，取一個好的標題居然有這麼重要的作用，標題的重要性就再次得以展現。

言歸正傳，我們在使用對比法時，有一個句型一定要熟記，就是我們在小學時就學過的「一邊……一邊……」，這個看似簡單的句型在新媒體發文中發揮著不可忽視的重要作用。

例如〈誰的人生不是一邊在生活，一邊不想活〉這篇文章曾經也是網路瘋傳的爆紅文章。這個句型中，前面的「生活」和後面的「不想活」兩部分是同時發生的，採用這樣的對比手法，表現出人們面對生活的無奈和被迫的現實，說出了很多人想說卻說不出或不敢說的話，引起了讀者的強烈共鳴。

因此，學會了這個句式，只需十幾秒，我們就可以取一個好標題。例如我想寫一篇關於時下婚戀問題的文章：許多人嘴上說著不去相親，卻還是受不住爸媽的嘮叨、親戚的熱情，在少得可憐的空閒時間和家裡人介紹的陌生人相親。如果沒有學過對比法的標題範本，可能我會起這樣的題目：「相親：一場說著不要不要，卻不得不去的無奈社交」。但如果使用對比法中的「一邊……一邊」句型，我們可以毫不費力地寫出這樣的標題：「誰不是一邊堅持不婚主義，一邊被迫相親」。把兩個題目放在一起比較，高下立見。

這個標題將兩種想法進行對比，從更深的層次來說，是兩代人觀念的碰撞與妥協。現在許多年輕人的婚戀觀是堅持「不婚主義」，或是不將就，如果等不到自己的意中人，就一直單身，但是他們的父母認為人到了一定年齡就必須要結婚，於是開始四處為他們張羅相親。對於這些單身者而言，這是一道堅持自我還是親子關係的選擇題，他們一邊努力維持自己的想法，一邊又不得不對父母做出妥協。一個不到二十個字的標題，透過對比使受眾瞬間感受到其中的複雜與無奈。類似這樣具有對比性質的標題可以吸引很多讀者，使他們產生閱讀興趣。

方法三：熱門關鍵詞法

看到熱門關鍵詞法，可能你會感到些許熟悉，因為之前在選題篇時已經強調過了熱門事件的作用。但是我發現，許多人在寫熱門事件相關內容時，會選取一個非常晦澀，或者看似頗為深奧的標題，以至於讀者根本看不出這篇文章和哪個熱門事件有關。

例如，如果我發表了一篇題為「喜歡很久很久的女孩，今天出嫁了」的文章，你知道我想寫的是哪一個熱門事件嗎？想必很難猜到。所以我這篇文章起的完整標題其實是「唐嫣羅晉結婚：喜歡很久很久的女孩，今天出嫁了」。唯有把熱門關鍵詞寫到標題裡，文章的點閱率才會高，因為讀者關心這個熱門話題，他們想要瞭解事件的原貌，也想知道你對這個熱門事件的看法，方便自己以此作為談資。

我之前和業內朋友進行交流時，曾經問過他們：為什麼要將標題下得晦澀難懂？他們表示，當一個熱門事件出現時，會有成千上百個社群媒體對這個事件進行解讀、採訪、報導，自己作為讀者難免會形成審美上的疲勞，從而不願意點開帶有這個熱門關鍵字的文章。我又問：那你會看和這個熱門事件有關的網路文章嗎？他們的答案都是肯定的。我繼續追問：那你看的文章標題裡會帶有這個熱門事件嗎？他們仍然給予了肯定的答案。

問題的根源就在這裡。不是因為熱門事件出現在標題中造成疲勞，而使受眾不願意點開文章，而是因為某些水準欠缺的社群媒體，即使在標題中涉及了熱門事件的元素，依然沒有寫出一個好的標題，從而誤導剛進入新媒體行業的從業人員，令他們劍走偏鋒地選擇一些晦澀難懂的標題，導致文章瀏覽量不佳。

從事新媒體行業，追逐熱門話題是行業常態，就像新聞行業，同一條新聞被各方平台同時報導是再正常不過的事情。可是我們不能因為害怕「不夠出色」而選擇放棄正確的方法，而是應該在意識到存在這樣的問題後，對正確的方法進行深入研究，並把它和自己經營的社群的特點、風格結合起來。

方法四：疑問法

什麼是疑問法？其實很簡單，那些以疑問詞結尾或是以問號結尾的標題，就是用了疑問法。

疑問法最大的好處是什麼呢？請回想一下上課的時候老師忽然向你提問、開會的時候主管突然點你的名字，那個瞬間，你的感覺是什麼？是不是認為這件事和我有關係？疑問法就是利用這種「和我有關係」的感覺，讓標題和讀者之間產生聯繫，令讀者覺得這件事和自己有關，所以應該點進去閱讀。

那疑問法具體應該怎樣使用呢？我想提供一個疑問法的公式：「疑問詞」（如為什麼、是什麼、如何、哪些）加上「問號」。

這是很多自媒體人最常用的方法，比如這幾個標題：

那個躲在廁所裡吃飯的孩子，後來怎麼樣了？

為什麼現在的男人恨不得你快嫁？

二〇一八年還剩十八天，你過得怎麼樣？

關於疑問法的使用，有一個非常重要的手段：要善於利用「反常識」。如果只用疑問法的話，我們可以想出一個八十分的標題，但是如果加上反常識的話，我們就可以想出一個一百二十分的標題！所以我經常說：疑問法的核心是反常識。

舉例來說，比如像「你們真以為富二代只有錢？」、「為什麼有錢人不只能過好這一生？」這樣的標題。我們的一般認識是，「富二代」大都不學無術、遊戲人生、揮金如土，他們過得好，無非是因為會投胎。但「富二代」真的只有錢嗎？他們真的什麼都不會嗎？他們看似無所事事的背後是否也有著不為人知的辛酸？甚至得比常人更加努力？這兩個標題都站在一般思維方式的對立面，卻能激發讀者的閱讀興趣。

看到「那個躲在廁所裡吃飯的孩子，後來怎麼樣了？」這樣的標題，讀者自然會心生疑問：為什麼孩子要躲在廁所裡吃飯？發生了什麼事情，讓他不能在餐桌上吃飯？那他後來怎麼樣了？有沒有改變？「在廁所裡吃飯」這項反常識的論點，一下子就抓住了讀者的好奇心，讓讀者在腦中產生了連環問題，最終落實到閱讀的實際行動。

通俗點來說，狗咬狗時沒人想知道為什麼，但若是人咬狗，人們就會想知道到底發生了什麼，這就是反常識的魅力。當我們提出一個和常識相悖的論點，大眾都會想知道為什麼。

數字法、對比法、熱門關鍵詞法和疑問法是取一個好標題的八種方法中的一半，心急吃不了熱豆腐；不積跬步，也無以至千里。在學另外四種方法前，建議你先溫習、梳理一遍這四種方法，結合實例將學到的方法轉化為自己的知識。你有可能在看到部分題目時，會發現這個題目既運用了對比法，又運用了數字法，或者某個題目運用了熱門關鍵詞法，但也有使用疑問法的痕跡。

當你看到標題有這種想法時，首先要恭喜你，因為你已經開始以專業的眼光和視角來看待一個標題，這是從業餘走向專業的表現。接下來不妨再多思考幾個問題：這個標題好在哪裡？還有沒有可以改進的地方？如果要改進，怎麼改會更好？經過日積月累的努力，你取標題的能力就會明顯提高。不過仍要牢記那句話：「少即是多」。一個標題最多也就二十個字，如果你在標題中運用了三、四種方法，很有可能讓讀者又陷入這個標題究竟想要表達什麼的迷茫中了。

方法五：對話法

對話法，顧名思義，就是假設你在和一個人進行對話。這個方法的使用效果非常有趣，我們先來看幾個例子：

你能不能讓著點孩子？不能！

週六再回老闆訊息我就是他孫子！爺爺——

暴發戶有錢了不起啊？了不起。

這就是對話法。在使用的過程中有兩點需要注意：第一點，前一句是經常出現在我們生活中的話；第二點，後一句搭配一個有趣或者有力的還擊。

很多優秀的社群也經常會用這類標題：

你竟然嫉妒你的閨密？我也是！

婚後如何保持戀愛感？跟老公搞曖昧！

仔細品味一下這個方法的奇妙之處。首先前一句話是「你」在和他人進行對話，資訊在兩人之間傳遞。「你能不能讓著點孩子？」的主語是你，「婚後如何保持戀愛感？」的主語也是你，「你竟然嫉妒你的閨密？」這句話中更是出現兩次「你」，透過對話的形式，作者和讀者在一秒鐘之內進行了交互體驗，使讀者對文章產生一種親近、熟悉的感覺。後一句搭配一個有趣或者有力的還擊，使得交互過程更加完整，和前一句構成邏輯關係，同時也是標題的亮點所在。

例如「你能不能讓著點孩子?不能!」這個標題，前一句話經常出現在什麼場景中呢?可能是在和寵溺孩子的家長對話中，他們總說:「孩子還小，不懂事……」，因此那句「不能」就成了許多人心裡敢怒不敢言的話。利用對話的形式，將大眾平時想說又不敢說的話吐出，對前一句話形成有力的還擊，這還稱不上一個好標題嗎?

當我們想使用對話法時，後一句話是否「點睛」至關重要，這其中涉及了不少心理學的知識。如果有興趣的話，可以對心理學進行系統性的研究，分析人們究竟對什麼類型的對話感興趣、有探究的欲望。但是如果只是需要想出一個好的標題，那我們所講的這幾種方法也足矣。從我個人的感受而言，新媒體是一個很神奇的行業，它的神奇之處在於它能夠和各類學科產生奇妙的反應，就連一個文章標題，如果深入研究，也有可能會從心理學、傳播學、邏輯學等學科中找到合理的解釋。

例如，我曾經寫過一篇叫作〈曾經為我打架的兄弟，現在和我不再聯繫〉的文章。從馬斯洛需求層次理論分析，點開這篇文章的人，大都是出於人類五種需求中的社交需求，也就是對於友情、愛情、歸屬有所需求，這些需求促使他們在看到這個標題後進而閱讀文章。

除此之外，從另一個角度解釋，讀者也可能是出於獵奇心理而打開這篇文章，人人都有好奇心，曾經為「我」打架的兄弟，為什麼不再和「我」聯繫了？中間發生了什麼變故或者誤會？至於我為什麼要起這樣的題目，我認為這和「使用與滿足」理論有關，我站在受眾的立場上，透過分析受眾對媒介的使用動機和需求，便基於受眾起了這樣的標題。

方法六：好奇法

好奇法的技巧是，話說一半，把另一半關鍵資訊隱藏起來，以此勾起人們強烈的好奇心。例如這四個標題：

這十三句不該說的話，百分之八十的女生都說過

微信新功能，檢驗一個人愛不愛你

抖音粉絲七千萬，「papi tube」做對了什麼？

二十五歲時，你一定會被問……

第一個標題只是說「這十三句話」，並沒有闡明這十三句話具體是什麼。

第二個標題沒有說明新功能是什麼，為什麼能檢驗一個人愛不愛你，這樣就引起了讀者對這個新功能的好奇。

其實這個方法和我們的生活場景特別像。回想一下我們身邊那些說話喜歡說一半的朋友，每次講話都先說：「我有一件事，特大消息，絕對猛料。」在你剛提起興趣，準備聽他的下文的時候，他卻長歎一口氣說：「哎，算了算了，不說了，說了你也聽不懂。」每到這個時候我們應該都特別想掐著他的脖子：「你快說，你快說！快說！」

然而，使用好奇法最好能夠和數字法相結合，這樣會讓人覺得更加真實、有料，達到事半功倍的效果。

比如在前述的第一個例子「這十三句不該說的話，百分之八十的女生都說過」中，如果你將數字十三刪去，把標題改為「不該說的話，百分之八十的女生都說過」，這個標題就會令人覺得是危言聳聽，什麼話是不該說的話？世界上不該說的話這麼多，不止百分之八十的女生都說過吧？同理，如果我們將百分之八十刪去，將標題改為「這十三句不該說的話，許多女生都說過」，也達不到原來的標題的效果。許多女生是多少女生？許多女生和我有什麼關係？讀者很可能會有這樣的想法。因此，在使用這樣的句式寫標題時，怎樣使用數字才能使讀者的好奇心達到最大限度，需要我們仔細思考後再做出決定。

方法七：俗語法

俗語法是指利用一些大家都知道的、耳熟能詳的句子，延展出你要表達的觀點，重點是句子一定要有韻律感。例如這幾個標題：

愛笑的人，牙齒都不會太差

朽木不可雕也，胖子不可美也

人固有一死，或重於泰山，或死於加班

朋友一生一起走，誰先脫單誰是狗

人生沒有白走的路，但是有彎路

俗語法其實是最省時的取標題的方法，同時讓人讀起來感覺很有意思。看到「朋友一生一起走」這句話，大多數人腦海裡都會自動浮現這句歌詞的下半段「那些日子不再有」，但是作者將這句話換成了「誰先脫單誰是狗」，僅僅一個標題就融合了友情和愛情兩個元素，朋友間「重色輕友」的形象躍然於紙上，十分具有趣味性。與這個標題相類似，還衍生出了「朋友一生一起走，我先脫單狗就狗」等標題，都是對俗語的加工改造。

除此之外，改編俗語中的關鍵字也可以使讀者覺得耳目一新，增加閱讀興趣，這個方法同樣也適用於廣告界。例如「愛笑的人，牙齒都不會太差」是Extra口香糖的廣告詞，還有「出來混，包遲早要換的」是小紅書[19]的廣告詞。將俗語進行改編，對於品牌來說，無形中拉近了和顧客的距離，建立了信任，成本低、效果好。對於網路社群的文章標題來說亦是如此，可以舉一反三，運用在各個合適的地方。

也可以嘗試改編一些俗語中的關鍵字，使其達到耳目一新的效果，比如「夢想總是要有的，萬一忘了呢？」」。這類標題由於讀起來朗朗上口，讀者看一遍就過目不忘。不過使用這種方法時切忌強行改編，如果改編的效果過於尷尬，反而是搬起石頭砸自己的腳。

方法八：電影台詞法

薛之謙和他的前妻高磊鑫復合之後，我們針對這個熱門事件，改編了由張國榮和梁朝偉主演的電影《春光乍泄》其中一句台詞：「黎耀輝，不如我們重新來過。」同樣只是換了一個人名，改成了「薛之謙復合：高磊鑫，不如我們重新來過。」

這部電影本來就堪稱經典，讀者對它十分熟悉，對其中的經典台詞亦是耳熟能詳。當讀者看到這個標題的時候，會不由自主地聯想到台詞，產生一種熟悉、親切的感覺，回想起電影中的畫面。再加上標題中的關鍵詞，結合當下的熱門事

⑲ 小紅書：中國電子商務平台，主打海外購物的服務。

件，為吸引讀者閱讀文章，提供了雙重的保障。

使用這個方法對於起標題的人來說難度較高，首先要對各種經典電影的經典台詞做到瞭若指掌，其次要將經典台詞和熱門事件進行適當的組合，這樣才能達到好的傳播效果，引發讀者的共鳴，使他們點入文章進行閱讀。

其實，取標題的過程就像是一個人的成長過程，需要不斷打磨和完善。很難說所想出來的第一個標題就恰好是最合適的標題，絕大部分情況下，我們需要想出幾個甚至是幾十個標題，再反覆衡量，進行取捨。

找對關鍵詞、套好句式，只能表示我們取了一個還不錯的標題，但它不一定是最好、最合適的。實際上，在確定標題之前，我們還需要進行一些測試，通常會使用以下兩個辦法：自我測試和找一些讀者來測試。

在讀者看到這個標題之前，首先要進行自我測試。如果自已取的標題，連自己都不想點開，那讀者又有什麼理由點閱呢？那麼自己該如何測試呢？應該透過什麼標準來判斷標題能不能用呢？

第一點，看到這個標題，你自己想不想點開？其實你自己就是測試標題最好的也是最有效的方法。你具有雙重身分，在創作文章時，你是一個作者，賦予文章骨架和血肉；但當你完成創作後，你的身分就轉換回普通的讀者、使用者。一個標題好不好，讀者的大腦會自動判斷。

關於這一點，心理學家史坦諾維奇和理查．韋斯特提出了大腦中的兩套系統，即「感性系統」和「理性系統」。其中感性系統的運行使我們生來就能感知周圍的世界，能夠依靠感性的認識，對事物進行初步的判斷。我們先前也提到，讀者根據標題決定是否點開的時間是非常短的，只有〇．〇一秒，這麼短的一瞬間，不可能有理性的思考，是否點開文章，全部依賴於感性系統的判斷。所以，身為作者的你就是最好的讀者，寫了標題之後，切換成預覽模式，快速地掃一眼，看自己是否有點閱標題的欲望，如果連自己都不想點開，那這個標題肯定就是失敗的，趕緊刪了，重新寫吧！

判斷是否想要打開標題後，我們接著可以進行深入思考：我為什麼想打開這個標題？這個標題中的什麼字句吸引了我？我為什麼不想打開這個標題？什麼內容令我感到反感？雖然讀者確定是否想打開標題只需要運用感性思維，花費〇．〇一秒，但我們要及時轉換成作者思維，對標題建立理性認識和深入思考，對優點和缺點進行總結分析，不斷完善，這樣才能使自已取標題的能力不斷提高。

第二點：標題內容和讀者是否有關？在網路上寫作，切忌孤芳自賞。作者一定要具有讀者思維，知道讀者想看什麼、需要什麼、哪些內容能夠吸引他們。唯有做到自我表達與滿足讀者需求，才能寫出讀者愛看的文章，達到高點閱率、高瀏覽量。千萬不要自我感動：這篇文章我花費了很多的時間去寫，為了取這個標題我一晚上沒有睡覺，為了追這個熱門事件我放棄了和男女朋友約會……努力固然重要，但努力的目的是為了換取讀者認可，而不是單純的自我認同。

因此，在檢驗標題的時候，我們也要有讀者思維。測試標題是否與讀者有關：這個標題是不是讀者關心的？是不是讀者想知道的？是否對讀者有用？如果都不是，那就立即放棄，重新想吧！

以上兩個標準，就是我對標題效果進行自我測試的參考依據。

7 好標題的標準生產流程

在標題的自我測試中，我們多次提到了要具有讀者思維，但是如何才能夠具有讀者思維呢？只把自己一個人當作讀者，根據自己的喜好閉門造車是不可能成功的，取標題亦是如此，只顧自己悶頭想，肯定不行。有的標題你很喜歡，但讀者不喜歡；有的標題讀者喜歡，但是你因為個人喜好，卻將這個標題扼殺在搖籃裡。追根究柢，衡量一個好標題的關鍵在於讀者是否喜歡。目前，頂尖的自媒體企業都認知到了這點，並在不斷地摸索中建立起一套標題的生產流程。

標題生產流程主要分為四個步驟：

一、透過套用不同的標題句型範本，從不同的角度，取十到十五個標題

二、根據標題自我測試的兩個原則，先從中選出五個標題

三、將選出來的五個標題發送到粉絲群裡，由大家投票

四、根據投票的結果進行資料分析，最終確定標題

如此經過層層篩選和科學化的資料分析，最終確定的標題，一誕生就註定是

勝者。

在標題生產流程中，還有兩點需要特別注意。

第一，如果你想要在網路上寫作，在開始階段一定要建立自己的種子讀者群，或者粉絲群。你可能會有各種各樣的疑慮，比如：我才剛開始寫作，沒有什麼粉絲，那麼你可以把自己的親朋好友視為第一批粉絲，用心營運，讓他們參與你的內容創作，從選題、標題，到正文，以及文章發表之後的評論與轉發。完成第一步的內容創作和傳播，積累下一批讀者，鞏固和讀者之間的關係，定期和讀者聊聊天，了解大眾感興趣的內容。不積跬步，無以至千里，很多優秀的社群媒體都是這樣一步步做起來的。

第二，使用網路上的投票軟體。透過投票軟體，使用者只需要一秒鐘就可以完成投票，方便快捷。

以上就是取標題的方法和流程。而除了這些範本和套路，要想出令人眼睛一亮的好標題，平時的積累也至關重要。這就是我們常說的——建立一個標題庫。

針對標題庫，首先講一個許多新媒體同業經常會講到的方法。我們可以把自己所有的文章標題統整在一張表格裡，透過記錄和分析每篇文章的瀏覽量和點閱率，總結出來哪些詞語是你的讀者比較有感、是他們一看到就想點開的，這些就是前文中多次提到的關鍵詞。除此之外，透過這種方式也可以總結出哪些標題的句式更符合讀者的喜好。把這些關鍵詞和句式記好，以後就可以反覆利用了。

這是一個最基礎的方法。但是這個方法存在一個明顯的弊端，就是在剛開始使用時效果比較明顯、瀏覽量較高，但時間久了，讀者會產生厭煩的情緒。試想，讀者每天都看到類似的標題、詞語、句子，還會想要點開嗎？就像連續兩個月都只吃同樣的午餐，見到午餐你還有拿起筷子的欲望嗎？所以，還是得另闢蹊徑，不斷更新和反覆運算標題庫，進行創新。我想分享兩個建立標題庫的方法。

方法一：從定位相似的優秀社群媒體中尋找標題

如果你的社群定位是情感類，就多關注一些情感類的自媒體，比如「新世相」、「視覺志」，找出它們瀏覽量最高的幾篇文章，分析標題，找出它們的關鍵詞和句式。

如果你的社群定位是餐飲類，可以關注像「餐飲老闆內參」這樣的自媒體，分析它的文章標題裡有哪些是讀者特別願意點開的關鍵詞。

如果你經營的是職場類社群，就多關注「領英」、「Spenser」一類的職場類自媒體，研究它們經常使用的標題句式有哪些特點。我們一定要明白，和自己定位相似的社群媒體，它們的讀者群體也會和我們的相似，甚至具有高度的重疊性。所以分析已經取得成功的社群媒體的文章標題，就像是站在巨人的肩膀上看世界，是一個非常高效且快捷的方法，可以避免走許多不必要的彎路。

方法二：從暢銷書的書名、目錄中去找標題

你可能會感到很奇怪，為什麼要從書名和目錄中找標題？答案很簡單。因為這些暢銷書的書名和目錄是經過市場驗證的。一本書之所以能暢銷，它的書名和標題至少起到了百分之八十的作用。

試想一下，我們在書店或者購物網站上看到一本書，首先看到的一定是書名，隨後會翻看裡面的目錄，只有書名和目錄吸引你，你才有可能進一步閱讀書裡的內容，最終決定是否購買。

我曾諮詢過在出版社工作的朋友，他們告訴我：暢銷書的書名和目錄，都不是作者一拍腦袋，或者某個編輯隨便決定的。它的制定流程和前面我們講過的文章標題的標準生產流程非常類似。在優秀的出版社裡，確定書名和目錄的過程，需要數名了解市場、能把握讀者需求的編輯反覆討論，經過篩選，才能確定下來。由此可見，暢銷書的書名和目錄非常值得我們在取標題時學習借鏡。

「師傅領進門，修行在個人」，這些是我個人對於如何起一個好標題的經驗之談。新媒體是一個年輕的、充滿活力的行業，相信這些方法還會不斷更新和發展，而創造的鑰匙，就在你的手中。

結構篇

如何搭建令讀者欲罷不能的文章？

一篇文章，除了內容以外，好的結構也是吸引讀者的一大因素。試想，文章內容極好，卻毀於不夠吸引人的開頭，或結構混亂、論證不夠清晰有力，抑或不能讓人留下深刻印象的結尾，豈不可惜？相反地，好的結構能有事半功倍的效果。

在我看來，好的文章結構最重要的就是開頭、結尾以及中間的內容框架。好的開頭能吸引讀者去讀你的文章的精彩內容；好的結尾能讓你的文章的內容得到昇華，促使讀者傳播轉發你的文章；好的內容框架則能讓文章邏輯更清晰、更有說服力。

因此，本章將分別從這三個角度展開，教你如何搭建好文章的結構。

8 勾起閱讀欲的八種開頭方法

點開文章後，讀者最先看到的就是文章的開頭，能不能讓讀者產生繼續閱讀的興趣，與作者撰寫開頭的能力息息相關。如果開頭的前三句話不能吸引住讀者，他們會直接選擇放棄閱讀，作者為這篇文章付出的心血也會付諸東流。

在之前我所接觸的許多寫作人中，其文章開頭普遍存在兩大問題：

第一，作者隨心所欲地創作，自己感到非常滿意，讀者看了卻完全沒有興趣繼續閱讀。

第二，作者能夠意識到開頭的重要性，卻總是花很長時間一直思考，遲遲無法動筆，導致效率低下。

接下來我想教你怎麼套用八個開頭範本，解決不會寫、效率低的問題，讓你寫出使讀者欲罷不能的開篇。好的開始是成功的一半，同理，寫出好的開頭，文章也就成功一大半了。

範本一：提問式

何為提問式開頭？顧名思義就是將問句作為開頭，而問句形式一共有三種，包含疑問句、反問句、設問句，所以提問式就是將這三種問句形式中的任何一種放在開頭的方法。

這是一種很常見的開頭形式，是最基本也最好用的開頭範本，很多自媒體都在用。有一個很紅的原創電影公眾號叫「Sir電影」，它發表的文章就非常喜歡用提問法來開頭。

其中有一篇推薦電影的文章，叫（有部網紅片，我要拍爛手推薦），開頭正是運用提問式。它是這樣寫的：

> 每天打開熱搜排行榜，最紅的是什麼？明星八卦。對於名人隱私，人們總是有種天生的窺探欲。

接著，作者繼續展開文章主題：

我發現，負面消息，尤為能夠引起人們的關注。八卦，這時就成為一個動詞，幾乎等同於「剝奪」，剝奪的是明星的光環。

而你有沒有想過，當那個被剝奪的人變成自己呢?奪去的，如果是你最基本的感官呢？

《寂靜之地》中的剝奪，是不能說話。《無聲夜》中的剝奪，是不能聽到。最近又有一部驚悚片，講的是不能看見——《蒙上你的眼》。

這篇文章以「每天打開熱搜排行榜，最紅的是什麼？明星八卦」這個設問句自問自答開頭，用大眾窺探明星八卦的欲望引出「剝奪」這個主題。

引出主題後，文章又來了個問句：「而你有沒有想過，當那個被剝奪的人變成自己呢?奪去的，如果是你最基本的感官呢？」將「剝奪」引到讀者自身，也渲染了接下來要介紹驚悚片的緊張氛圍。其實，提問式並不只有在寫網路文章時才會用，經典文學作品、影視作品中也經常出現這樣的用法。

短篇小說巨匠莫泊桑的《壁櫥》就是以一個反問句開頭：

用畢晚餐，大家聊起了妓女，要知道，男人們相聚而談，如不以此為題，焉有其他的談資？

由這一個反問句，展開敘述一名男子去嫖娼，在妓女家中的壁櫥裡發現她睡著的兒子，而這個孩子是妓女幼年時被人強姦所生，其後為了生計才做了妓女。試想，怎樣的社會才會導致「男人們的談資只有妓女」？這一個反問句道出的事實在現在看來不可思議，卻恰恰是當時黑暗社會的真實寫照。作者正是以此看似荒誕的問句，為全文奠定了情感基調，來表達對當時社會的不滿。

比如電影《致青春：原來你還在這裡》的開頭，是一段畫外音：

你心中是否也有這樣一個人？

他離開後，生活還在繼續，他留下的痕跡，被平淡的日子逐漸抹去，那些遙遠而明媚的青春年華，也已在泛黃褪色的記憶裡慢慢枯萎。

當時光流逝，兜兜轉轉，那個人，是否還會在原來的地方等你？

一開頭就來一個問句，一段話的結尾再來一個問句，引發觀眾去思考：「有沒有人在原來的地方等你？」一頭一尾的問句，深化了電影主題——原來你還在這裡。

在引發觀眾思考的同時，也勾起了觀眾興趣。「原來你還在這裡」說明主人公「離開過」，吸引觀眾看下去這部電影的情節是怎麼發展的？中間發生了什麼使主人公離開？又為什麼回來？還在的那個你，和主人公是什麼關係……。

這就是提問式開頭。不過，並不是所有的問句都可以放在最前面當作開頭。你在使用這種方法的時候，要注意三個要點。

第一，製造懸念，引起讀者注意和思考。

第二，加強情感，引發讀者共鳴。

第三，從文章的結構來說，要承上啟下，即承接標題，開啟下文。

如果開篇的問句沒有在文章中起到這三個作用，那就要換掉重新寫了。

所以，當你在用這種提問式開頭範本時，一定要不斷地審視自己的問句：有沒有製造懸念？能不能引發讀者共鳴？是不是開啟了下文？唯有做到這三點，文章才算是有一個好的提問式開頭。

範本二：對白式

對白式開頭裡的「對白」，是指文章裡的主人公或者與情節有重大關係的人物對白。將這些人物對白作為文章開頭時需要注意一點，就是一定要選取能夠激發讀者閱讀興趣的對白，使讀者眼前一亮。

我特別喜歡一篇文章，題為〈對啊，就是嫌你窮，才分手的啊〉，其實這篇文章是一個粉絲數量很少的公眾號寫出來的，但是發出去之後，迅速瘋傳全網，很快就被視覺志、意林[20]這些行業內的知名平台轉載，瀏覽量超過十萬。

我看到這篇文章時，立刻被它的第一句話吸引了，原文是這樣的：

「餓。」發完這條訊息的三個小時後，我就成了楊哥的女友。

看完這句話後，你是不是和我一樣，瞬間有了繼續閱讀的興趣？二十來個字，短小精悍，留下了很多懸念。

這句話如果是放在文章的中間，效果可能稀鬆平常，但是用在文章開頭，立刻就有截然不同的感覺。

透過把文章中亮眼的、有爆點的資訊，以對話的形式呈現，來製造懸念，抓住讀者眼球，引發讀者好奇心，是一種很好用的開頭方式，新媒體人屢試不爽。

對白式開頭的重點是：對話要短促，要有爆點，就像鉤子一樣，勾著讀者往下讀。

對白式開頭不僅是在網路文章中被廣泛運用，在現代小說中，對白式的手法也被大量運用於開頭，如狄德羅的哲理小說《宿命論者雅克和他的主人》、維吉尼亞·吳爾芙的《戴洛維夫人》、《燈塔行》等。

我們不妨一起看看狄德羅的《宿命論者雅克和他的主人》是怎麼寫開頭的：

「他們是如何相遇的？」

「像所有人那樣，純屬偶然。」

「他們叫什麼？」

---

⑳ 意林：中國文摘類的期刊，類似《讀者文摘》。

「這又有什麼關係？」
「他們從哪裡來？」
「從最近的那個地方來。」
「他們要去哪裡？」
「誰又知道自己要去哪裡？」
「他們說什麼了？」
「主人什麼都沒有說，而雅克說他的上尉說過：我們在這世界上遇到的一切幸與不幸，全都是天上寫好了的。」

這個開頭用了一長串小說中人物的對話，使小說好像是很隨意主觀地從故事的任何一個部分開始展開，有意冷落讀者的存在，卻又迫使讀者更快進入書內情境，悄悄加快了小說的代入感。

再來看看魯迅先生運用「對白式」開頭的手法：

秋天的後半夜，月亮下去了，太陽還沒有出，只剩下一片烏藍的天；除了夜遊的東西，什麼都睡著。華老栓忽然坐起身，擦著火柴，點上遍身油膩的燈盞，茶館的兩間屋子裡，便彌漫了青白的光。

「小栓的爹，你就去麼？」是一個老女人的聲音。裡邊的小屋子裡，也發出一陣咳嗽。

「唔。」老栓一面聽，一面應，一面扣上衣服；伸手過去說，「你給我罷。」

華大媽在枕頭底下掏了半天，掏出一包洋錢，交給老栓，老栓接了，抖抖地裝入衣袋，又在外面按了兩下；便點上燈籠，吹熄燈盞，走向裡屋子去了。那屋子裡面，正在窸窸窣窣地響，接著便是一通咳嗽。老栓候他平靜下去，才低低地叫道，「小栓……你不要起來……店麼？你娘會安排的。」

這是魯迅先生《藥》這篇小說的開頭。這裡運用了華老栓和他老婆華大媽的對話，以及華老栓對小栓的囑咐，簡單幾句就交代了人物關係，更引起了讀者的興趣——華老栓去做什麼？為什麼要拿錢？小栓怎麼了？為什麼父母沒睡，讓他躺著？透過這樣的手法，引得讀者接下去讀，最終揭示了「人血饅頭」這樣黑暗和愚昧的國民現狀，表達了主題。

以上就是對白式開頭的魅力，它能讓你情不自禁地跟著作者的思路往下走。

範本三：交流式

什麼是交流式開頭？這裡的「交流」是指作者與讀者間的交流，用在開篇，可以拉近作者與讀者的距離，使讀者覺得讀文章的過程就像和老友交談般親切愉快。而只講定義是有些生澀，我們不妨來看幾個例子。這也是在文章開頭可以借鏡的句式：

你有沒有……

我不信你……

你相信嗎？

你有否發現這幾個句子的共同特點？那就是它們都含有第二人稱「你」，就是這一個「你」字，可以輕鬆營造一種與讀者面對面交流的效果，讀者覺得親近，也就會順著作者的思路往下看，而且這種面對面交談的感覺也更容易使讀者產生共鳴。可以看看這篇影評〈再怎麼吹爆李安都不過分〉所使用的交流式開頭，它來自公眾號「Sir電影」：

過完元旦等過年的我，仍然滿滿工作的動力（你信嗎？）。反正，看著那些為搶票在朋友圈氣急敗壞刷新頁面的人們。我突然也有點想家了，甚至想馬上坐到家裡的飯桌旁。

這篇文章用元旦引出話題，以朋友話家常的口吻開頭，彷彿是在和朋友訴說自己的思鄉情，從而引出「飯桌」，而「飯桌」正是該文章要評論的「李安三部曲」的共同內核了。

這就是交流式開頭的直接效果，它主要展現在兩個方面：第一，增加親切感，像是你在與讀者面對面交談，無形之中拉近了讀者與文章的距離。第二，加強感染力，把讀者快速帶入場景、融入角色，跟著你的節奏繼續下去。

這種開頭方法在日常寫作中比較常見，特別是在行銷文案中頻頻出現。比如，我的微信朋友圈裡有一些賣貨的「寶媽」朋友，我經常看到她們發的文案類似如此：

你是否曾經為約會時，衣領上都是頭皮屑而感到尷尬難堪？你有沒有想過，相對於你的素顏，對方更愛看化了淡妝的你？你一定有過這樣的煩惱：明明已經很胖了，卻還是克制不了自己吃貨的本性？

所以，多用「你」字，將會收到意想不到的效果。

範本四：自白式

「自白式」就是以故事主人公的口吻來表現人物特徵，比如「我這個人怎麼樣？」、「我要做什麼？」等。

以「自白式」的方式開頭，能讓讀者感覺就像與故事主人公在同一個空間裡，正面對著他，聽他講述他的故事，身歷其境，更能傳情達意、感染讀者。

「自白式」開頭的關鍵是，你要給大家一個關心你所說故事的理由，也就是讓讀者對「我」即主人公的故事感興趣，這就需要兩個技巧。

第一個技巧是進行自嘲。

讀過一篇文章叫〈珠海富二代的中場戰事〉。當看到這篇文章時，立刻被它的第一句話吸引了：

廣東最不缺的就是富豪，像我這樣的人，充其量也就只是活著的條件好一點而已。

看完這句話後，你是不是和我一樣，瞬間產生極大的好奇心呢？廣東很多富豪嗎？這個故事的主人公生活條件是好還是不好呢？三十來個字，簡短精妙，留下了伏筆。

同前文所說，這類話語如果是放在文章的中間，效果可能大打折扣，但是用在文章開頭，立刻會給人新鮮感。

自白式開頭的核心要點就是短、有爆點，像鉤子一樣，勾著讀者往下讀。

第二個技巧是你做的事情很特別。

我二十一歲時，正在雲南插隊。陳清揚當時二十六歲，就在我插隊的地方當醫生。我在山下十四隊，她在山上十五隊。有一天她從山上下來，和我討論她不是破鞋的問題。

這個開頭來自王小波的小說《黃金時代》。作者以第一人稱「我」開頭，介紹與陳清揚的相識。本來平淡無奇，就是最後一句——「和我討論她不是破鞋的問題」，一下子就把讀者的胃口吊起來了。更何況在當時的時代背景下，「搞破鞋」豈止是特別的事，簡直是不可想像的事。為什麼陳清揚要和「我」討論這個？發生了什麼事？「我」和陳清揚什麼關係？之後「我」和陳清揚的關係會怎麼發展？「我」是怎麼回答陳清揚想討論的破鞋的問題？一連串疑問在讀者腦海中不斷浮現。僅僅一個「破鞋」，就讓這個開頭足夠特別。透過「我」所做的、特別的事，引起讀者的注意力和好奇心，讓他按照你設定的路線，一步一步閱讀下去。

範本五：呼應標題式

呼應標題式是指文章的開頭與文章的標題形成呼應。簡而言之，要做到呼應標題，就需要讓文章起始幾段中有與標題的主旨相呼應的地方，最簡單的做法就是扣住文章標題中的關鍵字。

我在公眾號「愛格」裡讀過一篇文章，叫〈第三人稱〉，它就是以「呼應標題」的方式開頭的：

> 從今以後，我只是她生命裡的觀眾。偶爾她提及我，只會用最疏遠的第三人稱——他。

標題為「第三人稱」，文章開頭只有兩句話，就這短短的兩句話，點出標題——第三人稱，使讀者大致明白了「第三人稱」這個標題的含義：作者在接下來的故事裡講的「第三人稱」其實是講作者自己成為那個「她」的「他」，是要敘述自己和「她」的故事。

再透過另一個例子來理解這種手法。我在二〇一八年國慶日前寫了一篇瀏覽量超過十萬的文章〈國慶朋友圈鄙視指南〉，這篇文章的開頭也使用了呼應標題的手法，是這樣寫的：

十一假期，比人山人海的景點更好看的是爭奇鬥豔的朋友圈。

自由行的，覺得參加旅行團的只是走馬觀花；出國玩的，覺得在國內旅遊的都是土鼈一把；宅在家裡的，刷著景區人擠人的新聞，呵呵一笑；在公司加班的，卻默默成了最大贏家。

每個人都認為自己的朋友圈萬裡挑一，其實在別人眼裡看來，都是千篇一律。最精彩的永遠不是度過假期的方式，而是每個人發朋友圈時，對別人的鄙視。

這篇文章的標題是「國慶朋友圈鄙視指南」，結合了國慶日，很符合當時的時間節點，是一個很吸引人的熱門話題。但是，「國慶朋友圈鄙視指南」這個標題也會讓讀者心生疑惑：國慶節的朋友圈鄙視鏈是什麼樣的？哪個層級最高？哪個層級最低？這確實不可能一眼看透。於是，文章的開頭就充分緊扣「朋友圈鄙視」這個標題關鍵字展開，對標題進行解釋：原來，國慶日朋友圈分為這幾個等級：自由行的、出國玩的、宅在家的、在公司加班的，等級依次從低到高排列，既解答了讀者看完標題之後的困惑，也充分與標題形成了呼應，加深了讀者印象。

這種呼應標題式的開頭的一個好處在於：透過文章開頭與標題的呼應，分析標題情緒等級，考慮讀者讀完標題後的內心感受，從而解答他們心中的疑惑，並且文章的整體感也更強。

範本六：名言佳句式

名言佳句式開頭即在開篇引用或解構名言佳句。其實這個方法很簡單，相信你也一定很熟悉，我們在學生時代寫作文的時候，為了顯得自己很有文采，常常會在開頭引用某個名人說的話。

可以引用名人說的話，比如托爾斯泰的「幸福的家庭是相似的，不幸的家庭各有各的不幸」等，也可以引用一句耳熟能詳的俗語、諺語，如「士別三日，當刮目相看」、「神救自救者」等。當然，我們也可以引用詩詞名句，比如「此情無計可消除，才下眉頭，卻上心頭」、「人有悲歡離合，月有陰晴圓缺」、「莫聽穿林打葉聲，何妨吟嘯且徐行」等。

我們寫自媒體文章時也可以採取這樣的方法，但是要會進行改造，使其更高級一些。除了引用名言佳句，我們還要解構名言佳句，在原來大眾熟悉的基礎上加上個人的創意，創造出一個新的名言，或者有趣的段子。

來看一個名言引用的範例。公眾號「ＨＵＧＯ」發布〈從孟晚舟到吳秀波，我看了人性最大的惡〉一文，是這樣用名言引出開頭的：

作家嚴歌苓寫過：「人之所以為人，就是他有著令人憎恨也令人熱愛、令人發笑也令人悲憐的人性。並且人性的不可預期、不可靠，以及它的變幻無窮、不乏罪惡、暈腥肉欲，正是人性魅力所在。」人性的變換，造就了各自的因果。如今回頭再看過去的二十年、三十年，你會發現，一旦人心向惡，惡報早晚會來。二〇一九年了，做個善良的人吧。

這篇文章用嚴歌苓的話，引出作者想要討論的「人性」話題——「人性」的善惡變換，然後又選了「惡有惡報」這個角度來表達文章主題。作者的巧妙之處在於非生硬刻板地直接表達主題，而是引用名言來間接引出想闡述的觀點。就像以前中國人會在家裡的客廳前放個屏風一樣，既遮擋了視線，令人無法一眼洞悉室內狀況，又起到了裝飾的作用，婉約含蓄，兼具美感。

修改名人名言，就是將耳熟能詳、早已經存在於大家記憶裡的話語進行改造。像是用手指撩撥了一下讀者的神經，使讀者一下子醒過來，進而亢奮起來。

經常有作者在文章開篇寫道「古語有云……」，這是許多優秀的自媒體公眾號都精通的套路，你不妨也試試？

範本七：新聞話題式

新聞話題可以從熱門事件、焦點人物、熱門影視作品、熱門話題中取得。以新聞話題作為開頭，不論是在新媒體領域裡，還是在傳統媒體寫作的時候，都經常使用。它的關鍵在於你選擇切入的這個事件、人物、作品本身必須自帶話題。如果你引用的話題沒有讀者知道，不能引起讀者的共鳴，這個方法就完全喪失了意義。

二〇一六年，韓國明星宋仲基憑藉《太陽的後裔》這部電視劇在亞洲大紅，因為顏值高、演技精湛，獲得了一大批粉絲、迷妹。後來他和演員宋慧喬宣布戀情、結婚，繼續引發了網友的熱烈討論。猶記得宋仲基和宋慧喬結婚的消息高居熱搜榜的盛況，點擊量甚至以億計量。這樣千載難逢的超級熱門事件，自媒體人當然不會錯過。如果錯過這個話題，就等千錯過了破十萬、破百萬流量的機會，於是，關於這個話題的文章大量湧現、數不勝數。

其中有一篇文章，題目是〈忘掉宋仲基的顏值，我們來談談他的演技〉，它的開頭令我印象深刻：

聽說最近只有兩種人——宋仲基的老婆，和其他人。

簡單的一句話，結合了當時最火紅的話題，又創造出了一個具有新鮮感的金句。當時網路上轉發這篇文章的人大都藉著這個開頭來作為推薦語。

文章的開頭包含話題，能勾起讀者極大的好奇心，給讀者提供一則與別人閒聊的談資。

以我的親身經驗來說，之前所負責的公眾號發表了一篇文章，題目是〈殺死那個人口販子〉，講的是一個人口販子當著孩子母親的面，差點把孩子抱走的故事。它的開頭是這樣寫的：

光天化日之下，有人搶你的孩子，你會怎麼辦？不可能發生這樣的事？就在這個國慶日，北京市豐台區，一個媽媽眼睜睜看著自己的孩子被三個人口販子強行抱起，差點被搶走。

感受到其中的微妙之處了嗎？開頭直接寫話題事件，特別容易勾起讀者的好奇心，吸引讀者的注意力。

範本八：讀者投稿式

要知道，我們寫文章的目的是「有人看」，這裡的「人」就是讀者，要讀者想去看你的文章，你的文章勢必要能激發讀者的興趣，讓讀者在讀的時候能夠產生共鳴。要達到這個目的，請讀者投稿就是一個很好的辦法，即透過我們的讀者、用戶、粉絲投稿，來找到多數人關注、喜歡的點，「從群眾中來，到群眾中去」，何愁我們的文章不能引起讀者的興趣呢？

總結出這個寫作開頭的技巧也是偶然。有次和一名同行聊天，聊到最近手頭做的事情，她向我「訴苦」，說肚子裡的內容都要被搜刮殆盡了，想休假充充電。我分享了一個我平時寫作的技巧，就是去看看後台粉絲的留言，了解粉絲最近想什麼、想看什麼、想知道什麼，這樣靈感就會源源不斷。她一試，果然有效，並且在開頭就言明文章是從粉絲的回饋裡得來的靈感，事實證明，那篇文章迴響不凡。而從這位同行的嘗試中，我也得出來將讀者的留言等回饋置於文章開頭，不失為一個好的寫作方法。

還有一些例子，可學習參考。如公眾號「視覺志」發表的〈三十九歲二胎媽媽朋友圈曝光：我拒絕成為沒用的中年婦如女〉這篇文章就來自對其粉絲的專訪。文章一開頭就說「感謝小豬媽媽接受視覺志專訪」，一下子拉近了和讀者的距離。被採訪的人肯定覺得很驕傲，會自行轉發，在朋友圈裡宣傳；沒被採訪的人也會積極投稿，期待下一次能被採訪，成為文章的主人公。

我關注「深夜發痴」這個公眾號已久，雖然這是一個主要受眾為女性的時尚公眾號，但我看的並非其內容，而是學習其寫作技巧。「深夜發痴」非常擅於和讀者互動，最常見的形式是讀者會在評論區留言想看某方面的內容，而作者通常都會回覆「想看的粉絲按個讚」之類的話語，透過按讚數的多寡來判斷讀者對該話題的興趣程度。對於受讀者歡迎的題材，公眾號就會在後續寫相關的文章。以文章〈年度口紅大賞：這十支，每次塗上都被追問色號〉為例，開頭是這樣的：「前兩天我們搞了一波激情互動，徵求大家在二〇一八年買到的最滿意的一支口紅，後台留言成千上萬，女人啊，果然還是對口紅最有熱情。」讀者一看是這麼多人一起互動、徵求出的結果，那麼文章推薦的適用性一定很強，自然而然地想點進去看看大家都喜歡什麼、最近流行什麼、自己有沒有落伍。

以上這般讀者投稿式的開頭都有助於拉近和讀者的距離，讓讀者覺得文章的內容與自己息息相關。還能透過「採訪讀者」、「在評論區和粉絲互動」這些方式來獲取讀者投稿，此外，粉絲在後台留言等常見方式亦不可忽略。

其實，這些爆紅文章都不是什麼靈光乍現、突發奇想、神來之筆，而是有套路可以練習。新媒體寫作並非先有靈感、基礎再來寫作，而是看得多了、練得多了，也就有所基礎，靈感自然也就來了。

眾所周知，好的開始是成功的一半，寫文章更是如此。一個好的開頭，能讓讀者將注意力聚焦在你的文章上，從而繼續讀下去，進一步引發更多的評論和按讚。掌握這八種開頭方式，告別生硬、尷尬地開啟一個話題，讓你的文章開頭不再難，讀者愈看愈想讀，那麼你的文章離高瀏覽量還會遠嗎？

9 讓人一口氣讀完的四個結構模板

開頭是文章主體裡最重要的部分，但是絕不代表其他的內容可以隨心所欲地創作，虎頭蛇尾是萬萬要不得的，必須把握好文章整體的內容框架。因此我們需要學習如何系統地搭建文章的整體框架結構。我以一些成熟的自媒體社群為例，拆解、分析它們的文章框架，整理出四個可以直接套用的結構模板，提煉出其中的使用技巧和亮點。

一開始萌發說明搭建文章框架結構的想法，是因為發現很多剛開始接觸網路寫作的人，或者寫作技巧不夠熟練的人，在確定了要寫的選題內容之後，可能會出現兩種情況。

第一種情況：滿腦子都是想法，可是不知道從何入手，一篇兩百字的文章，別人可能一、兩個小時就可以完成，他可能要花費三、四個小時，甚至大半天的時間都未必能寫出來。

第二種情況：思想如脫韁野馬，想到哪寫到哪，雖然寫作速度快，可是寫出來的文章自己讀都費勁，邏輯混亂，偏離主線，明明要去的是羅馬，結果卻去了希臘。

這兩種情況，根本原因都是沒有提前搭建清晰的文章框架結構。清晰的文章框架結構，可以讓你毫不費力地沿著一條主線寫下去。你寫得順暢，讀者也讀得輕鬆。很多爆紅文章的作者寫稿速度非常快，正是因為他們有自己特別擅長使用的一套框架結構。他們想到一個選題，收集好素材之後，就能根據自己擅長的文章結構，很快地把內容整理出來。

透過分析一些社群的爆紅文章，總結出了四種用得最多的文章框架。可以毫不誇張地說，這四種框架結構都經過無數篇超過十萬瀏覽量的文章檢驗。接下來我以三個具有代表性的公眾號文章為例，包括公眾號「拾遺」、「新世相」、「視覺志」等，闡述這四種文章結構模板。

模板一：觀點加上多個事例

觀點加上多個事例，就是指先根據「選題」的方法，選取一個具有爆紅潛質的「核心觀點」，提出觀點之後，再用多個事例去印證它。

首先，我們來看一篇文章，來自公眾號「拾遺」，標題是〈好的婚姻，都需要江湖義氣〉。這篇文章講述的主題是在一些婚姻維持比較久、感情狀況比較好的夫妻之間，不僅要有愛情，還要講江湖義氣。

在文章的開頭用熱門事件引入婚姻的話題，講了當時的三個熱門事件：某男星被爆是「渣男」、另一位中年男星被揭頻繁「劈腿」、某息影多年的女星被傳「已經離婚」。由此，引出了這篇文章的觀點和主旨，文章裡是這樣說的：

我覺得最好的婚姻狀態，並不是一生浪漫、一生激情，而是充滿江湖義氣。

接下來，就採用三個名人的故事來印證這個觀點，即我們方法論中說的「多個事例」。

第一個故事講的是演員葛優和他的妻子賀聰。

葛優沒有名氣的時候，賀聰願意跟著他，兩人一起吃了很多苦，最後葛優終於熬出了頭，出了名，成了影帝。反觀賀聰相貌平平，似乎配不上影帝葛優。

於是總有一些愛瞎操心的人，嚷嚷著：「葛優都成了影帝了，怎麼還沒換老婆啊？」

葛優聽到了，只說了一句：「當初人家跟我好的時候，我什麼都不是，她跟著我同甘共苦，一句埋怨都沒有。現在我好了，就把人家給端了，咱真幹不出這樣的事兒！」

這就是他們夫妻倆的江湖義氣，賀聰與葛優共苦，葛優與賀聰同甘。

第二、第三個故事分別講的是梁家輝和他的妻子江嘉年、李安和他的太太林惠嘉。同樣的敘述方式，都是在講同一個主題：

年輕時陪男人過苦日子的女人，富裕時陪女人過好日子的男人，這是夫妻之間的義氣。

文章最後一段，作者重申了自己的觀點：

這世上，沒有十全十美的伴侶，也沒有十全十美的愛情，那些能白頭偕老的婚姻，都充滿了江湖義氣，你不欺我少年窮，我不負你糟糠恩。

這就是第一種文章框架模板，觀點加上多個事例。來總結它的使用方法。

第一部分，即開頭，引入主題和觀點。在選取觀點時可以結合「選題」的方法，選取一個具有爆紅潛質的觀點。

第二部分，透過多個故事解釋、分析這個觀點。比如在〈好的婚姻，都需要江湖義氣〉一文中，就用三個故事解釋了有義氣的婚姻是什麼樣子，並且在三個故事的最後，分析婚姻和江湖義氣的關係，得出觀點——「義氣」是除了「愛」以外，婚姻長久所必需的。

第三部分，即結尾。透過重述觀點，再反映到現實，給讀者一個行動的召喚。如〈好的婚姻，都需要江湖義氣〉這篇文章結尾的「無論愛情還是婚姻，它的真諦只有一個：當我與你在一起的那一刻，我便放棄了其他可能，這是咱倆之間的義氣」，抑或「一個講江湖義氣的人，無論男女，他在做任何事之前，會首先考慮會不會傷到對方」，都是在召喚被利益蒙蔽本心的婚姻，多點「義氣」，才會行之遠、行之堅。

需要特別強調的是，成就這篇文章的關鍵一點在於選取的事例，選取的事例除了要與觀點切合，事例的主角還需要有一定的知名度和話題性。在講故事的過程中，作者要緊扣觀點，努力呈現能展現觀點的細節。

模板二：核心觀點加上多個分論點

如果你的觀點足夠有趣，能夠打破慣性思維，就可以嘗試使用這個結構模板──核心觀點加上多個分論點。

核心觀點加上多個分論點，該如何呈現呢？首先，需要提出一個核心觀點。其次在這個核心觀點之下，提出幾個分論點。注意，這些分論點是為核心觀點服務的。最後，運用一個或多個事例解釋每個分論點。

透過一篇引起熱議的文章〈大S憑什麼讓汪小菲給你剝蝦？〉來解析核心觀點加上多個分論點。

這篇文章開頭就提出了一個打破慣性思維的觀點──被愛，就是要這麼做。在常規認知中，大家會覺得女生這麼做是不對的，沒有人會喜歡。但是這篇文章的開頭就直接反其道而行之，開門見山地表明「被愛，就是要這麼做」，這就是文章的核心觀點。

緊接著，圍繞核心觀點「被愛，就是要這麼做」，列出四個分論點，正是為核心觀點服務、「怎麼做」的四種方法。諸如「學會麻煩對方，坦然提出要求」、「高明地要求，不露痕跡地要求」、「享受被愛」、「教男生怎麼愛你」等。

這四個小觀點都很打破常規、顛覆人們固有的認知。因為一直以來，我們都是這樣被告誡的：有事情要自己解決、被愛之後應該要付出。但是在這篇文章裡，四個分論點打破了人們的普遍共識，因此整篇文章會給讀者帶來很多有新意的想法，讓人覺得驚喜不斷。

對創新的觀點進行闡述後，要用具體的事例來逐個解釋。這篇文章是透過一些細節描寫來分析大S的行為，進而解釋四個分論點在大S身上為什麼成立，以及具體而言要怎麼付諸實施才是正確的。文章最後，對觀點進行辯證的昇華。因為開頭說的核心觀點是「被愛，就是要這麼做」，雖然出色，但是比較偏激，容易引起讀者的不滿，因此，文章最後進行補充：

我們說學會被愛，不是要學會不勞而獲，而是要學會如何用溫柔交換溫柔，以愛交換愛。

這樣的觀點能被更多讀者更容易地接受，也對整篇文章帶來的「驚喜」起到了緩衝作用。

總結這種文章框架的使用方法。首先，如果你的觀點足夠精彩，可以嘗試用一個核心觀點，圍繞它提出幾個看似反常規的分論點，給讀者製造意外和驚喜；其次，用事例闡釋這些分論點，要解釋到位；最後，在文章的結尾，辯證分析反常規的觀點，以進行緩衝，使讀者更容易對新觀點產生贊同感，文章的接受度也提高了，並對讀者的生活產生參考價值。

模板三：觀點加上多個角度

如果你的寫作素材比較豐富，用這個框架進行寫作再合適不過了。自媒體的意見領袖「新世相」最擅長使用這種範本。它的文章總是描繪出很多真實又心酸的生活場景，讓讀者感到扎心，這和它平時經常做募集活動、收集許多素材有密切關係。我們熟悉的「尋找重慶凌晨四點的人」、「十五個問爸媽的問題」、「壓力大的時候，你會怎麼發洩」……這些募集而來的各式素材，都可以作為其文章的內容。

以新世相發表的〈月薪兩萬的我，在老家生活的同學面前抬不起頭〉這篇文章為例。文章將在大城市裡打拚的年輕人與其在老家的同學做對比，從吃飯、工作、玩樂、車房、交友這五個日常生活角度切入描寫。

文章的語言其實非常樸實簡單，每個角度下都引用一些粉絲精彩的留言，拉近與讀者的距離。敘述中營造出一些生活場景，將獨自在大城市打拚的人與在老家生活得很體面的同學進行對比，進而引出一些非常扎心的事實：

> 回家對比一下才知道，我確實不想過吃外賣的日子了；在老家的深夜加班，別人覺得你是神經病；見了很多有趣的靈魂，但有趣的靈魂，很可能不回你微信；猛一回家，才驚覺同齡人都有房子了，晚上下班回家，有客廳、有電視，還有無敵大江景。

文章結尾，再次重申作者的觀點，進一步「打擊」在大城市奮鬥的年輕人，同時，也給予他們正能量的鼓勵：

> 回去之後才發現，我們在大城市的驕傲，有時只是錯覺。還好我們的自癒能力也比較強（畢竟假期時間也比較短）；短暫打擊一下，還有力氣回去上班，並且保持平靜；所以別沮喪啊，沒什麼可怕的；每個在城市打拚的年輕人，都有本事在暴擊中笑著活下去。

另外，新世相的文章結尾都很有特色，它有個專門的區塊，叫作「寫在最後」，常常會用一些金句，一針見血地重申觀點，發人深省。

這就是第三種文章框架模板：觀點加上多個角度。

前提是你的素材足夠豐富，使用這種方法會是非常突出的選擇，可以從不同的角度和場景切入。

首先，引出一個比較簡單明白、有畫面感的觀點，例如上述的這篇文章，從標題就營造了在大城市打拚和留在老家的年輕人，兩者之間對比的畫面感。

其次，從不同角度描繪你的觀點，如這篇文章中描寫的不同場景，就是從吃飯、工作、玩樂、車房、朋友五個角度進行描寫。當然，也可以從其他不同的角度進行描寫，比如選題元素中講到的不同情緒組合。

最後，在結尾將讀者拉回現實，或像這篇文章一樣給予激勵，或講述在現實中我們可以怎麼做，又或者也可以學學新世相「寫在最後」的技巧，寫出發人深省的金句。

模板四：觀點加上一個人物的多個故事

視覺志發表過一篇文章，叫〈三十九歲的鄧超，兩月暴瘦四十斤：對自己狠的人生到底有多賺？〉

這是在鄧超主演的電影《影》上映後，視覺志迅速結合話題事件，引入了電影主角鄧超作為主題寫的文章，一開頭就這樣寫道：

說起鄧超，我們對他的印象應該都一樣，不要臉。

緊接著用新聞引入話題：

為了完成張藝謀新片《影》中一人分飾兩角的任務，他開始了一場狂虐自己的馬拉松。

文章的第二部分，直接描寫鄧超在拍攝《影》時候的艱難：

連續十五天，每天的攝取量只有八百卡。相當於一天只吃一．八包洋芋片，或者兩包辣條。對自己最狠的時候，他一天只吃兩個雞蛋。

一個月後，效果明顯：整個人瘦到皮包骨、免疫系統迅速下降、消化系統嚴重失調。

隨之而來的是嚴重感冒，酷暑天也必須穿著長袖衣褲拍戲，每天需要妻子孫儷攙扶著才能正常行走。

有六次，鄧超都因為血糖低，差點暈在片廠。

其後配上了鄧超在電影《烈日灼心》中的劇照，面容極度扭曲。這是因為鄧超為體驗在極度恐懼中，一個背負多年祕密的逃犯臨死前的垂死掙扎，他不顧導演反對，要求真實注射葡萄糖到自己體內，想把自己的生命和角色的生命徹底融為一體。那一刻，沒有鄧超，只有角色……。

這篇文章還運用對比手法，透過回憶年少鄧超的「光彩照人」，反襯出現在鄧超對自己的「狠」：

還記得第一次被他的演技驚豔到，是二〇〇三年。

那一年，他二十四歲，在電視劇《少年天子》中飾演順治皇帝一角，多情、抑鬱，很有靈氣。

然後是《甜蜜蜜》劇裡的紈褲子弟雷雷，電影《李米的猜想》裡的神祕男友方文，《海闊天空》裡的海歸男孟曉駿……。

文章先寫影片取得的成果，之後寫鄧超付出了非常人能夠忍受的努力。用成功對比鄧超的付出，回扣題目——「對自己狠的人生到底有多賺」，說明「賺」的人對自己「非常狠」。

文章直到最後才引出觀點，隨後又把鄧超和其他演員進行了對比：

想成為狠角色，就得對自己狠。演員入了戲，觀眾才能一秒入戲。現在有些演員習慣了在生活裡演戲、造假，而忘記自己的本分。以為能混水摸魚、名利雙收，可惜觀眾的眼睛雪亮，愈來愈多人開始拒絕買他們的賬……

鄧超今年三十九歲了，即將步入不惑之年，但給我們的印象依然停留在：年輕、愛折騰、拚命。這才是對他最大的肯定吧。

整篇文章僅採用鄧超一個人的故事，但從不同時期、不同階段，並運用對比的手法進行表達，就明白闡述了核心觀點。

這就是第四種文章框架模板：觀點加上一個人物的多個故事。需要深度挖掘這個人物不同時期、不同角度的事例，並且可以結合不同的寫作手法，將這個人物的事例巧妙運用於證明觀點的過程中。

另外，有關鄧超的這篇文章，還隱藏著另一個經驗。當一部電影，或者一個熱門事件出來以後，寫主角的故事是搶話題最快、最有效的方法，因為觀眾都喜歡聽故事。

這四種寫作的結構模板，包含觀點加上多個事例、核心觀點加上多個分論點、觀點加上多個角度、觀點加上一個人物的多個故事。靈活運用它們，能夠幫助你在寫作時快速形成文章框架，並且能時時緊扣主題，又快又好地寫出文章。

10 讓人按讚、評論、轉發的四種結尾模板

在前面的內容中，我們反覆強調：好的標題能提高文章的打開率；好的開頭，能吸引讀者的注意力；好的文章框架，能提高作者的寫作效率。不知道你能否發現這樣一個問題：有些文章點閱率很高，但是文章末端的按讚、評論，以及文章的轉發數卻很少。這多半是因為文章的結尾不夠吸引人，不夠有力量，不能觸發讀者進行下一步行動。

請務必記住，文章結尾是離按讚和互動最近的地方。即使開頭或者前面的內容都寫得很好，但若結尾不能吸引讀者、引起共鳴，也會白白浪費一篇好文章。

其實寫好結尾也是一件有規律可循的事情。首先問一個問題：你知道宜家家居賣得最好的商品是什麼嗎？床？沙發？枕頭？玩具？都不是！說出答案可能會嚇你一跳，是位於出口處、售價兩元的甜筒。僅僅是中國的宜家家居，一年就能賣出一千多萬個甜筒冰淇淋。但宜家家居賣冰淇淋的目的並不是為了賺錢，它是提高顧客體驗的祕密武器。

坦白地說，我們在逛宜家家居的時候會對很多地方感到不滿意：人流量大、需要自己搬東西、結帳還要排隊……有時甚至在門口都要堵上好長一段時間。

但是，他們有個「小心機」，就是在顧客準備離開賣場的位置，設置一個零食和甜品區，這裡的東西不貴，既好看又好吃，能讓顧客感到非常開心和滿足。這個零食和甜品區是他們提升顧客體驗的關鍵，如果沒有這個區域，顧客體驗會差很多。

宜家家居的零食和甜品區的背後有一個非常實用的理論作支撐，也就是「峰終定律」。峰終定律是諾貝爾獎得主丹尼爾・康納曼教授提出的。他認為：人的大腦在經歷過某個事件之後，能記住的只有「峰」（高潮）和「終」（結束）時的體驗。套用到行銷上來說，顧客能記住的只有最好的體驗和最後的體驗。

同樣的道理，我們在寫文章的時候，也要注意「峰終定律」，用心打磨文章內容中的高潮和結尾部分。如果文章的結尾能將讀者的情緒調動起來，或者給人意猶未盡的感覺，讀者就會抑制不住地為你按讚、留言和轉發。

那麼，如何寫出有這種理想效果的結尾呢？我總結出四個結尾模板，適用於各種風格的文章，無論是情感取向的文章、概念取向的文章，甚至是廣告文案，都能夠使用。

模板一：總結式

很多自媒體最常用的結尾，即總結式結尾。

曾經看過一篇很有意思的文章，是陳立飛（Spenser）寫的〈每個城市裡的年輕人，都應該體驗一下大保健〉，它的結尾就是很典型的「總結式結尾」：

> 說了那麼多，其實我想表達的就是，生命活得健康，活得有品質，是比工作更重要的事情，大家一定要好好珍惜保養自己的身體。
>
> 成年人了，要懂得節約自己，不要透支自己。每個城市裡的年輕人，都應該體驗一下大保健。

我們來分析以上三句話。

第一句話是在總結文章，告訴讀者身體健康重於工作；第二句話像是忠告，提醒讀者不要透支體力，既像朋友師長的親切關懷，又令讀者有頓悟之感；第三句話，「每個城市裡的年輕人，都應該體驗一下大保健」回扣標題，呼籲讀者展開行動。

這是典型的總結式結尾，並且最是省事。如果文章很長，觀點比較多，在結尾進行總結，能夠幫讀者重溫文章的內容，再使用能昇華主題的語句感染讀者，就會使文章既有觀點又有情緒，令文章的整體水準更上一階。

在使用這種結尾範本時，可以分為三步驟，即採用三段的形式：

第一，總結文章的關鍵點，比如前文中總結的身體健康重於工作。

第二，上升到一定的高度，讓讀者產生共鳴，最好使用金句。

第三，呼籲讀者立即採取相應的行動。

模板二：連結讀者式

有一種結尾讀起來令人感到「意味深長」，貼近讀者生活，能夠引發讀者更多的思考，這種結尾即是連結讀者式。

網上曾經有篇很紅的職場類文章，叫〈為錢工作不可恥，但是可疑〉。它的結尾是這麼寫的：

所以，當你的工作失去了意義時，不如冷靜地問自己：目前的工作，到底是否符合你的「基因」。如果不是，我想你或許可以回憶一下，在過往的經歷中，有哪件事能夠讓你集中精力、忘卻時間、忽略外在的聲音，並時不時體會到莫大的成就感。畢竟，能決定你職業價值的不全是錢，還有努力的意義。

這個結尾就使用了連結讀者的結尾。「連結讀者」的意思，主要是指連結讀者的工作、生活境遇，讓讀者在文章中看到自己，產生共鳴，並自主思考可以從文章中得到什麼價值，怎樣提升自己。

這種套路尤其在乾貨㉑型文章中用得比較多，比如前述這篇文章，核心知識是「心流」，心流是指一個人在做某件事情時，忘我、愉快的狀態。作者在結尾處運用關聯技巧，讓讀者重新審視自己的工作經歷，去發現屬於自己的心流，這樣就讓心流這一知識點成了讀者的解決方案，從而增強了這篇文章的價值感。

再介紹兩個實用的連結讀者式技巧。

第一個技巧是「……亦是如此」句型，比如：

人生如此，愛情如此，

你和我，又何嘗不亦是如此？

這個句型可以把正文裡面提及的人和事或者知識，巧妙連結到讀者身上，讓讀者產生共鳴。

第二個技巧就是不斷用「你」這個特殊的稱謂，加強讀者代入感，讓讀者看到這篇文章對他的價值。

㉑ 乾貨：網路流行用語，多指分享實用經驗或方法，非單純勵志、呼籲型的文章。

模板三：名言佳句式

沒錯，我們在開頭的寫法中也提到過名言佳句式，同樣地，我們也可以在結尾處恰當地引用或解構名言佳句，透過名人富有哲理、發人深省的一句話，留給讀者更多思考的空間，讓讀者有意猶未盡的感覺。

之前網上有一篇很紅的文章叫〈為什麼我建議你卸載「抖音」？〉，它的結尾是這樣寫的：

別人灌輸的生活再美好，都不如自己去爭取。永遠保持清醒，永遠別走捷徑，永遠堅信未來。

我很喜歡林清玄的一句話：「好的圍棋要慢慢地下，好的生活歷程要細細品味，不要著急把棋盤下滿，也不要匆忙地走人生之路。」

這篇文章從抖音引申到生活中各種大大小小容易讓人迷失自我的人生陷阱，最後告誡讀者，面對誘惑，保持清醒，走正道。

在結尾的地方，如果直白地表達自己的觀點，不免讓人覺得說教意味濃厚，而這篇文章透過引用林清玄的話，讓人讀起來就會有一種意猶未盡的感覺。除此之外，林清玄的語言優美、文筆出色，在結尾處引用他的名言，相當於為讀者把轉發本文的文案都配好了。

我自己也經常使用這個技巧。一方面的原因是，比起我們一般人說的話，名人的話更有說服力，讀者會為名人的話「買單」。另一方面，如果作者在文章的最後過於直白地敘述自己的觀點，或者未能表達清楚觀點，這個時候使用名人的話，讀者會覺得更有意思，或者能夠激發讀者找到更多的靈感，對文章有更多自己的解讀。

模板四：排比式

我們從上小學時就開始用這個方法了。排比式結尾是一種特別有氣勢的結尾，一氣呵成，氣貫長虹，它既融合了前三個模板的功能，包括總結全文、連結讀者和引發讀者深入思考，又能透過排比的句式在情緒上更上一層地感染讀者。

例如，微信上有一篇爆紅文章叫〈你這麼厲害，一定沒被好好愛過吧〉，它的結尾是這樣寫的：

愛情不是一道證明題，而是能讓你卸下包袱的地方；愛情不是活在朋友圈裡的模範情侶，而是在累了、茫然、不知所措時，可以依賴的對等夥伴；愛情不是一場角色扮演的遊戲，而是一場天時地利的迷信。在這場迷信裡，你只需要做一件事：以你最真實的樣子，去見對方。

因為我們都要學會去接受彼此的一切。

這個結尾是典型的排比式結尾。文章透過重複「不是……而是……」這個句型三次，然後引出結論「你只需要做一件事」，一方面總結文章的內容，另一方面給讀者打氣，強調後面的行動。

總之，運用排比，不僅可以總結文章內容，還可以累積和引發讀者情緒，同時，如果多用「你」這樣的詞語，代入讀者的行動，會很容易觸發讀者去按讚、留言和轉發。

爆點篇

如何為你的文章錦上添花？

說起「金句」，你一定覺得熟悉又陌生。我們在日常生活中往常見到金句，但對於什麼樣的句子才算得上是金句？一般人又無法明確定義。最關鍵的是，如何快速寫出所謂的金句？這正是本章將帶領我們快速學習並掌握的內容。

何為金句？金句就是起到四兩撥千斤作用的句子。回想一下，每次看完一本書、一部電影之後，如果想要發布在網路社群上，你會發些什麼內容呢？絕大部分人發的正是書中、影視作品中的金句。比如我看完韓寒的電影《後會無期》後，就對其中的金句印象深刻。

「聽過這麼多道理，依然過不好這一生」、「我從小就是優，你讓我怎麼從良」，還有「喜歡就是放肆，但愛就是克制」……不只是影視作品，金句對於廣告文案也很重要，很多產品就是憑藉一個廣告金句而火紅起來，例如悄然興起的網路白酒品牌「江小白」，還有讓人津津樂道的知名品牌「杜蕾斯」。

同樣的道理，當我們寫新媒體文案時，與其說一大堆話，不如一句簡短有力的金句更令人印象深刻，也會有更多人願意轉發。金句是文章能持續傳播的要素，更是發酵劑。

為什麼金句會有這麼大的殺傷力呢？原因有二。第一個原因是，金句表達的觀點一般而言比較深刻，能夠戳中要害，很容易引起大眾的共鳴；第二個原因是，金句簡短有力，利於傳播。

當然，好的金句價值不菲，甚至一字千金，尤其在廣告行業更為重要。例如現代汽車 Tucson 的廣告文案「去征服，所有不服」一度廣為流傳，這句廣告文案僅有一句話，七個字，卻將該汽車的品牌價值淋漓盡致地展現了出來，真是一字千金啊！試想一下：如果有一天你寫出了這麼值錢的句子，是否有種瞬間走向人生巔峰的感覺？

那麼，如何才能寫出這樣值錢的金句呢？也許你會覺得「好文易得，金句難求」，認為金句不是一般人能想出來的，不僅要飽讀詩書，需要很深的文學底子，還要做到天時地利人和，靈光乍現，才能偶得一金句。若你仍如此想，真的是大錯特錯了。寫出金句也有技巧，其實並沒有想像中那麼難。

11 三十秒寫出金句的四個模板

我總結出四個金句模板。這四種方法是我拆解了成百上千個著名金句案例後所得出的精華，經過我幾百次的實踐驗證，只需套用，金句便能隨時脫口而出。只要你熟練掌握，肯定能寫出有內涵又養眼的金句。

這四個金句範本分別是「ＡＢＢＡ句式」、「ＡＢＡＣ句式」、「搜詞法」和「拆字法」，我將細細道來。

模板一：ＡＢＢＡ句式

首先透過兩個例子來瞭解什麼是ＡＢＢＡ句式。

二〇一八年的教師節，關於馬雲的新聞又瘋傳全網了，他寫了一篇爆紅文章，大意是他將卸任阿里巴巴董事局主席的職務，重返教育行業。

關於我自己未來的發展，我還有很多美好的夢想。大家知道我是閒不住的人，除了繼續擔任阿里巴巴合夥人，為合夥人組織機制做努力和貢獻外，我想回歸教育，做我熱愛的事情會讓我無比興奮和幸福。再說了，世界那麼大，趁我還年輕，很多事想試試，萬一實現了呢？我可以向大家承諾的是，阿里從來不只屬於馬雲，但馬雲會永遠屬於阿里。

文章最後，他飽含深情地說：「阿里從來不只屬於馬雲，但馬雲會永遠屬於阿里。」使我們隔著螢幕也可以感受到馬雲的格局、氣場、情懷。

作為新媒體人，除了感慨馬雲對於阿里巴巴的奉獻外，我們也應當站在專業的角度，從句子結構上來仔細分析馬雲的這句話。這個句子有一個特點：有兩個詞語重複出現，而它們出現的位置是相反的。前半句是「阿里……馬雲」，後半句是「馬雲……阿里」。

這樣的句子，前後語句的內容出現反轉，能夠讓讀者感到眼前一亮，既具有巧妙的韻律美，同時又含有哲思的意味，就是典型的ABBA句式。

這種句型，不僅在寫文章時可用，在演講的時候也可以使用，可以帶動聽眾情緒，渲染氛圍，加深聽眾對演講的記憶。比如，羅振宇在二〇一七年末〈做時間的朋友〉演講時就使用了這個句式，他的結尾說：「歲月不饒人，我也未曾饒過歲月。」意味深長又回味無窮，深化了其演講的內涵，同時，朗朗上口的金句也利於傳播。

這個句型公式能夠廣為傳播，有一個大前提：就是它不僅需要短小精悍的形式，還要有能夠讓人印象深刻的內容，即將本就深刻的內容精華，濃縮成一句話。比如馬雲的這句話：「阿里從來不只屬於馬雲，但馬雲會永遠屬於阿里」。這句話是這篇文章的精髓，回答了人們最關心的問題——馬雲和阿里巴巴的關係，也表達了馬雲自己的心聲。

而這個句式能夠廣為傳播，還因為它形成了前後反差，讓人眼前一亮，記憶深刻。例如：「我以為愛情可以填滿人生的遺憾，但沒想到製造遺憾的偏偏是愛情。」前半句是習以為常的觀點，後半句卻反過來形成轉折，引出反常規但是作者真實的想法。這個觀點一反常態，加之反覆的句型造就韻律美感，自然琅琅上口，引人深思，令人回味。

究竟如何寫出 ABBA 句式的金句呢？我總結了四種方法。

第一種方法是重新定義。

何為重新定義？比如：「沒有什麼武器可以俘獲愛情，愛情本來就是武器。」這句話重新定義了愛情，即愛情是武器。

應用重新定義的方法寫ＡＢＢＡ句式時，應先找到你想表達觀點的核心物件，它可以是一個實物，好比我們現在要重新定義「玫瑰」。找到實物後，我們需要重新賦予它內涵。玫瑰原本是一種帶刺的花，現在我們將之重新定義為「玫瑰就是刺」，於是就能運用ＡＢＢＡ句式，寫出這樣一句金句：「哪有什麼帶刺的玫瑰，玫瑰本來就是刺。」

同理，比如我們要寫人情冷暖，先確定——人與人的關係即「人脈」。將「人脈」類比為「利益互換」，便能夠如此重新定義：「沒有什麼利益可以換得人脈，人脈本來就是利益互換。」

從這些例子中，我們可以總結ＡＢＢＡ句式可用於重新定義的金句，先確定你想要描述的概念或事物，再尋找與之類比的核心，進一步將兩者聯繫起來，最後進行重新定義。

第二種方法是抓住從屬關係。

什麼叫抓住從屬關係?比如前文中馬雲的例子:「阿里從來不只屬於馬雲,但馬雲會永遠屬於阿里」。馬雲和阿里巴巴之間就是從屬關係。在大多數人的眼中,阿里巴巴是屬於馬雲的,而這個金句獨闢蹊徑,反大多數人的常識,告訴讀者——馬雲和阿里巴巴的關係並非是大家所認為的「阿里屬於馬雲」,而是「馬雲屬於阿里」!反其道而行之,打破固有思維,令人眼前一亮。

我們可以進行類比創作,比如大多數人認為孩子屬於父母,我們可以按照從屬關係的方法,寫出金句:「孩子從來都不屬於父母,但父母會永遠屬於孩子。」只需這麼一句話,整個文章的觀點就顯得獨特而清晰。打破常規,一反「孩子是父母的附屬品」觀點,但究其實質,講述的還是親子關係,只不過不再是中國傳統的「家長式」親子關係,而是父母對於孩子無限包容、無私奉獻的親子關係。

說到「孩子從來都不屬於父母,但父母會永遠屬於孩子」這句話,讓我印象頗深,是我在一個偶然的機緣下創作完成的。當時有個同事要寫一篇關於親子關係的文章,苦思之下仍找不準主題。午餐時和我聊起來,我結合身邊同齡人與父母關係的實例,當下就想到了這句「孩子從來都不屬於父母,但父母會永遠屬於孩子」，並和他講了一些我對於現代，尤其是獨生子女一代親子關係的感悟，他豁然開朗，自然那篇困擾他許久的文章難題也迎刃而解。他將這句話作為文章的結束語，昇華了全文的內核。文章發出以後，甚至有讀者向我的這位同事回饋，就是文章最後那句「孩子從來都不屬於父母，但父母會永遠屬於孩子」戳中了他的淚點，也使這位讀者更加珍惜與父母在一起的時光，更加理解父母的想法和對他的愛。

又如，運用從屬關係來表達「人靠衣裝」的觀點，可以寫出金句：「奢侈品的標籤從來不依附於任何人，反倒是多數人依附於標籤來展現自己的身分。」透過品牌標籤與人物身份的從屬關係，說出不同檔次的品牌，展現不同身分的道理。

再比如，若是講人類與自然的關係，我們可以套用這個範本，寫出這樣的句子：「大自然從來不屬於人類，而人類卻永遠屬於大自然。」一語道出人類與自然的關係，人類並不是大自然的主宰，反而不能超脫大自然的規律，否則必將自食其果。

因此，運用從屬關係於 ABBA 句式的時候，可以先找到一個常規的觀點，然後直接套用這個句式，便可以得到一個精妙的金句。

第三種方法是利用反義詞。

什麼叫利用反義詞？比如這句：「我以為愛情可以填滿人生的遺憾，但沒想到製造遺憾的偏偏是愛情。」在這個句子裡，「填滿遺憾」和「製造遺憾」意思正好相反，透過它們的層層遞進，傳遞出愛情非但不能像希望的那樣「填滿」遺憾，反而會「製造」更多的遺憾，此觀點表達出作者在愛情中可能因為一些「錯過」或「過錯」而留下遺憾，心中或懊悔、或感傷的情緒。而ＡＢＢＡ句式加上反義詞的使用，使得整個句子具有轉折點，可以表達衝突感和情緒上的起伏，同時又具有韻律美感。

類似的例子可以舉一反三：

我以為等待可以收穫愛情，沒想到錯過愛情恰恰是因為等待。

我以為有錢可以變得自由，沒想到我的自由卻結束於有錢。

在日常生活中，人們經常說：「等我有錢，我就自由了，想去哪就去哪，想玩什麼就玩什麼，想買什麼就買什麼。」但大數據分析表示，有錢人會更焦慮，會更不自由，他們根本沒時間花錢，他們的日程更滿、壓力也更大。「收穫愛情」和「錯過愛情」意思相反，「變得自由」和「自由結束」也是相反的。

印度詩人泰戈爾也有這麼幾句：「有時候愛情不是因為看到了才相信，而是因為相信才看得到。」、「我們唯有獻出生命，才能得到生命」。在這裡，「看見與否」與「相信與否」相互衝突、意義相反，「獻出」與「得到」亦是一對反義詞，兩個句子同時運用ＡＢＢＡ句式，道出了愛情與生命的真諦。

前述提到的幾個句子都是ＡＢＢＡ句式與反義詞結合使用，能適切地表現出衝突感。

在這裡，我再介紹一些創作ＡＢＢＡ句式與反義詞結合的句子的竅門。先要找到兩個有關聯的詞語搭配，比如「等待和愛情」、「金錢和自由」、「愛情和麵包」。那麼問題又來了，這些詞語可以從哪裡找呢？其實，平時大家常說的話便是最好的素材，比如：等我有錢了，我就去旅遊；等我變得優秀了，我再去追求某件事。就是將如此有關聯同時又衝突著的素材結合起來，運用逆向思維將其改編，一個ＡＢＢＡ句式的金句就誕生了。

第四種方法是變換主被動關係。

什麼是變換主被動關係？比如尼采曾說：「當你在凝視深淵的時候，深淵也在凝視著你。」又如，韓國著名電影《熔爐》裡面有一句經典台詞：「我們一路奮戰，不是為了改變世界，而是為了不被世界改變。」

這兩個便是變換主被動關係的ＡＢＢＡ句式的金句，前半句是主動地凝視深淵、改變世界，後半句則是被動地被深淵凝視、被世界改變。透過一主動、一被動這樣的形式，句子的意境更加高遠了。

照著這個句式，我們也可以改寫名句。比如：「強大，從來都不是為了左右別人，而是為了不被別人左右。」前半句的「左右別人」是主動的，而我們修改的後半句則化主動為被動，一個變換主被動關係的金句這麼輕鬆便寫好了。

再比如：「我們之所以這麼拚，不是為了被世界看見，而是想看見整個世界。」其中「被世界看」與「看世界」的主被動關係，一語道出當下年輕人奮鬥的深層原因，戳中讀者淚點，而這樣的句子因為容易被人記住，也就意味著有利於傳播。

「有自己的風格，意味著是人穿衣服，而不是衣服穿人。」時尚與風格的內涵，透過這個句子中，衣服和人的主被動關係便很清晰地被表達出來。

我們還可以寫出：「成功，不只是期望被他人善待，也是學會善待他人。」主被動相交，道出成功不僅表現於外界對自身的變化，更是自身境界的提升。

林語堂先生在八十多歲的時候，寫了這樣一句看透人生的話：「人生在世，還不是有時笑笑人家，有時給人家笑笑。」請試想一下，如果你學會這個句式，豈不是瞬間就擁有了林老先生八十多歲的覺悟？

按照這個句式，我們還可以改寫：「相處之道，還不是有時慷他人之慨，有時讓他人慷自己之慨。」他人對自己，抑或自己對他人，這一對主被動關係提示我們，使用這種句式時，不僅可以讓「被字句」在先，主被動關係反置亦是可行。同樣道理，找到生活中那些主動和被動關係的搭配，就可以直接套用。

歸結起來，創作ABBA句式的金句之前，首先是選擇核心觀點，觀點需要足夠亮眼；其次是關注這個句型的核心，也就是前後句形成轉折關係，或句子前後內容有對比和反差；再者是選擇使用四種方法中的一種，無論是重新定義一個概念或者事物、改變從屬關係、利用反義詞（特別是動作上的反義），或主動與被動關係的切換。透過這三步驟，我們便能很快就寫出一個金句了。

模板二：ABAC句式

何為ＡＢＡＣ句式？介紹這個句式前，不妨先看一段《小王子》裡的話：

如果不去遍歷世界，我們就不知道什麼是我們精神和情感的寄託，而我們一旦遍歷了世界，卻發現我們再也無法回到那美好的地方去了。當我們開始尋求，我們就已經失去，而我們不開始尋求，我們根本無法知道自己身邊的一切是如此可貴。

若分析這段話，前一句「不去遍歷世界，我們就不知道什麼是我們精神和情感的寄託，而我們一旦遍歷了世界，卻發現我們再也無法回到那美好的地方去了」，前後都有的「遍歷世界」，即我們ＡＢＡＣ句式裡的兩個「Ａ」；而不同的是，前半部分的核心詞是「精神和情感的寄託」，後半部分的核心詞是「回到那美好的地方去」，分別是ＡＢＡＣ句式的「Ｂ」和「Ｃ」。

後一句「當我們開始尋求，我們就已經失去，而我們不開始尋求，我們根本無法知道自己身邊的一切是如此可貴」，其中「開始尋求」是ＡＢＡＣ句式裡的兩個「Ａ」，即前後部分的相同成分；「失去」和「根本無法知道自己身邊的一切是如此可貴」則構成了ＡＢＡＣ句式的「Ｂ」和「Ｃ」。這就是ＡＢＡＣ式金句。兩個句子裡，都有相同的成分，又有對比反差來強化語氣，從而表達核心思想。

「ＡＢＡＣ句式」如此好用，那麼要如何快速學會寫這樣的句式呢？關鍵就是找到前半句和後半句中的兩個核心詞語的關聯。你只需要掌握以下兩個關係。

第一個關係是核心詞語相反關係。

《後來的我們》這部電影於海報上的文案就是用了核心詞語相反形式：

> 後來的我們，為了誰四處遷徙，為了誰回到故里？後來的我們，有多少衣錦還鄉，有多少放棄夢想？

第一句話中，前後半句都有一個相同的詞語「為了誰」，前半句的核心是「四處遷徙」，而後半句的核心是「回到故里」。兩句的核心詞語分別表達「流浪」和「回家」，詞義明顯相反。

而在第二句話中，前後半句重複的詞語是「有多少」，前半句的核心是「衣錦還鄉」，後半句的核心是「放棄夢想」。「衣錦還鄉」說明了事業有成，否則不可能是「衣錦」；而「放棄夢想」說明未能實現年輕時的抱負，自然是「事業無成」，或者是自己內心認為的「無成」。一個是事業有成，一個是沒能實現抱負，自然也是相反的意義。

那麼，如何運用核心詞相反的ＡＢＡＣ句式呢？其技巧的關鍵在於「找場景」。你要找到那些最能觸動人的場景，比如在電影《後來的我們》宣傳海報中，場景是春運期間的火車站。場景愈能觸動人，反差的效果就愈好，情感流露就愈濃厚。

現在我們可以實際演練一下。比如「考研究所」這個場景，我們可以寫：「考研這場零和博弈，有幾多人得償所願，有幾多人名落孫山。」前後半句共用的詞語是「有幾多人」，前半句的核心是「得償所願」，即考上心儀的院校，後半句的核心是「名落孫山」，即未能如願考上理想的學府。兩者詞義相反，表現了考研的「幾家歡喜兒家愁」，突出了考研是「零和博弈」，不可能讓所有人都得償所願，反差之下，給人悵然若失之感。

場景不僅能夠是具象的，也可以是抽象的。比如寫抽象的「婚姻」，可以來一句：「婚姻這幕荒誕劇，有多少人盡興而歸，有多少人敗興而去。」其中「盡興」與「敗興」分別展現婚姻的不同結局，或收穫愛情、親情，或一無所得，甚至敗得「一塌糊塗」。一得一失，透過核心詞語反差表現得淋漓盡致，回過頭來再看「婚姻是幕荒誕劇」，可笑、可歎、可悲，使得讀者自發地聯想自身，引起共鳴。

第二個關係是核心詞語遞進關係。

之前聽過這麼一句話，至今印象深刻：「別人這麼努力是為了生活，我這麼努力是為了生存。」

不知道你是否也和我一樣，被這句話所觸動。我第一次聽到這句話時剛上大學，適逢家中遭遇變故，雖不至於負擔不起我的生活費、學費，我卻不想給父母增添負擔，真的是拚了命地做兼職掙錢。可是我當時又沒什麼工作經驗，很多東西都不懂，只能靠自己摸爬滾打、總結經驗，「生存」可以說是我當時的真實寫照。以致於現在想到這句話，我就會回憶起那段艱辛又給予了我寶貴的人生財富的時光。

言歸正傳，這句話前後半句重複的詞是「努力」，不同的是，前半句的核心是「為了生活」，後半句的核心是「為了生存」。前者的努力是一種享受生活的狀態，但後者是為了保證基本溫飽、要拚命的狀態。兩者之間，後者的怒程度明顯更深，更突出「我」努力的艱苦與辛酸。生存尚且不易，又何談生活？想必諸多同我一樣在奮鬥的年輕人也會深有感觸。

我們該怎麼運用遞進關係這個技巧呢？比如你想寫「早起」這個主題，對於早起的人，我們通常會說這個人自律性強，自控力強之類的話。在這個基礎上，我們把「自律」這個詞語升級，可以找到「習慣」這個詞，於是就能夠寫出這麼一句話：

凡人的早起是自律，高人的早起是習慣。

「自律」是一種自控力，仍然需要下意識地去控制，而「習慣」就像一種慣性，不需要刻意為之，因為潛意識裡就是這麼自我要求的。透過核心詞語的遞進，表達出「早起」更深的內涵。

依照核心詞語遞進的思路，我們還可以寫出：

三流員工想的是如何加薪，一流員工想的是如何提升能力。

「加薪」為世人所追逐，但對於成大事者，必然不會只糾結於眼前的蠅頭小利，而「提升能力」才他們的目標。自然，「提升能力」比「加薪」顯得更進一步，層次更高，格局也更廣闊。

從幾個ABAC句式的例子中，我們可以總結出若要寫此句式的金句，需要先有一個共同的關鍵詞，然後抓住它前後兩個半句的意思、存在的某種關係，可以是相反，也可以是遞進。在相反的關係中，我們可以利用「找場景」的技巧抓住這些規律，就很容易創作出這類句子了。

模板三：搜詞法

我歸納出「搜詞」這個技巧，其中有個小故事。前文提到那句現代汽車的廣告文案，「去征服，所有不服」，是現代汽車花了五十萬元，重金請人寫的。於是我就開始研究，這個每字價值近萬元的廣告語是怎麼寫出來的。一開始，我發現這句話中的兩個詞語，「征服」和「不服」中有一個相同的「服」。於是我就搜尋了帶「服」字的詞語。驚喜地發現，原來「征服」和「不服」這兩個詞語都在一個頁面裡，用它們來形容汽車很有氣勢和深意，非常契合，甚至堪稱巧奪天工。

由此，我總結出一個寫金句的方法，也就是搜詞法。每當我想出一個關鍵字的時候，我就會在這個關鍵字的基礎上去搜索相關的詞語，由此不斷積累，終於在一次實戰中派上了用場。

當時我去阿里巴巴面試，面試官出了一個題目：讓我給順風車業務寫一句廣告語。

我拿到題目以後先是思考：「順風車」的核心是什麼？我覺得應該是「順路」。於是我開始在大腦裡飛速搜索帶「路」字的詞語，很快，「套路」一詞便浮現於腦海之中，我想就是它了！一句廣告文案便如此寫出來：

世界上最好的套路，就是順路。

面試官一聽，不住地說：「不錯、不錯！」

先前有一個寫作課學員叫楚楚，當給他們講課時正好講到搜詞法，我就用「楚楚」這個名字現場演示了如何運用搜詞法。我先是就著她的名字，在大腦中搜索帶「楚」字的詞語，比如：酸楚、苦楚、痛楚、悽楚、清楚……然後再挨個試著組合，最後創作出了這麼一句：

經歷了很多酸楚，是為了把世界看得更清楚。

毫不誇張，大家聽完之後，全場掌聲雷動。兩個「楚」字讓這句話既顯得押韻，又不是為了押韻而矯揉造作，因為句子在內涵上也具有深意。

以上的故事，不僅僅是在分享我總結出搜詞法的歷程，也是在告訴你如何使用搜詞法。簡言之，就是先抓住一個核心詞彙，然後根據該詞進行搜索，將搜索出的詞語進行排列組合，找到合適的兩個詞，造出句子，就可以得到一個押韻又有內涵的金句了。

但是需要提醒你的是，在使用搜詞法抓核心詞彙時，首先考驗的是你對讀者的洞察。能不能感動讀者，關鍵要看這個核心詞彙是否到位。

而搜索同類詞的工具，除了搜尋引擎之外，我還有一個私人的方法。可以關注「文案狗」的微信公眾號，確定核心詞彙後，可以傳給這個平台，該平台會回覆很多個含有這個詞，或與這個詞相關的成語及其他詞語。接下來，你就可以揀選這些詞語與核心詞彙的關係，毫不費力地組合出一個金句了。

若你透過前述的分析和建議已經學會使用「搜詞法」，我們可以即學即用，做一個簡單的練習。比如說到「為」字，可以怎麼造金句呢？在這裡給你幾個提示，由「為」可以想到「無為」、「奮發有為」、「無能為力」這些詞語和成語，聰明如你，相信已經胸有金句了。

模板四：拆字法

何為拆字法呢？拆字法就是根據漢字的字形結構特點和人們的認識規律，把一個字拆開，分解成幾個獨體字，或者給某字的組成部分，賦予一定的意義。

若你覺得這麼說很抽象，我舉幾個例子，比如思考的「思」這個字，上面是一個「田」，下面是一個「心」，透過拆字法，就可以寫出這樣一句話：

勤耕「心」上「田」，「思」想才會獲得豐收。

本來簡簡單單的一個「思」字，含義並不複雜，但是經拆字法一加工，就顯得含意深遠，句子整體不管是內涵還是形式，都提高了一個檔次。

再舉個例子：絕路的「絕」，左半邊是「絲」字，右半邊是個「色」字，透過拆字法，又一個金句冒出來了：

人走上絕路，都與「色」有著千絲萬縷的聯繫。

可能大家都明白這句話要傳達的道理，但是未必有人能透過拆字這種「巧妙」的形式將這句話的含義表達出來，因此大多數人乍一看這句話都會覺得很精闢。但其實要寫出這樣精闢的句子不難，透過拆字的方法，我們就能輕鬆寫出。

曾經有個朋友請我幫他寫個宣傳利用下班後的時間去學習、提升自己、培養技能的課程廣告文案。我們當時的對話如下。

我說：「如果不學這個課會怎麼樣？」

他回：「會一直窮下去。」

我又說：「上班都那麼累了，為什麼下班還要學習呢？」

他再道：「不學習，就只能拿上班掙的那點死薪水，所以會一直窮下去。」

朋友在反覆強調「窮」這個字，於是我便幫他拆了這個「窮」字。

「窮」這個字拆開來看，最上面是一個「寶蓋頭」，就像一個大筐子，這個筐子就是你的公司，用死薪水把你裝在裡面；接著是一個「八」字，就相當於朝九晚五，每天工作的八個小時；最下面是一個鞠躬的「躬」字，這就更直接了，就是鞠躬哈腰吧！於是，一個利用「拆字法」的金句就出來了：

一直窮，就是你在一個公司裡，哈腰鞠躬八小時。

這個句子是不是既有畫面感，又能觸動大多數上班族的內心？你看，寫出金句，並不需要多高深的文學功底，或者對人生對社會感悟多麼深刻，它需要的僅是這麼一點點技巧而已。

這裡插一句題外話，我寫作這本書的目的，也是希望你能利用業餘時間，掌握寫作這項技能，在以後的日子裡，除了拿死薪水以外，還能利用寫作這個技能獲得額外的收入。

回歸主題，再舉個例子。說到成功的「功」字，左邊是工作的「工」，右邊是氣力的「力」，那麼我們可以據此寫出：

工作不賣力，你還想成功？

也可以用「香」字造個拆字法的金句：

若禾苗未經歷烈日的考驗，怎得日後稻香餘里？

「香」字用拆字法可以拆為禾苗的「禾」與烈日的「日」，因此確定此處的「香」要與「禾」相關，也就是禾苗成熟以後的「稻香」。仔細排列組合一下，金句便誕生了。

究其根本，拆字法就是源於漢字的博大精深。因為漢字的特殊性，許多字本就是由不同部分的字因其內涵而組成的，拆字法不過是反其道而行之，將組合起來的字拆分開。因此這需要提升對漢字結構的敏感程度和熟悉程度，一旦多細心觀察，寫出拆字法的金句就易如反掌。

當然，除了技巧以外，寫出金句還需要你平常的積累，需要你做個有心人，遇到好的文章、好的段落、好的句子，就用紙筆或手機軟體記錄下來，積累多了，就成了你個人的金句庫。

我這裡也提供幾個金句素材，其實更準確地說，是歷史上的一些經典的演講：比如馬丁・路德・金的〈我有一個夢想〉、邱吉爾的〈敦克爾克大撤退〉、林肯的〈蓋茲堡演說〉以及甘迺迪的就職演說等。一方面這些演講的句子都是很優美的，另一方面你可以學習它們的斷句和節奏，來培養你寫文章的語感。文章能不能吸引讀者讀下去，你的斷句和語感也是比較關鍵的因素，語感培養出來了，你的寫作就事半功倍了。

最後還有一個竅門，是我很喜歡的一個作者「李叫獸」分享的觀點：「人的爬行腦更加喜歡視覺化的資訊，而不是抽象的資訊。」

根據這個觀點，你可以自行比較這些句子的優勢。

「小體積大容量的MP3」與「把一千首歌放到口袋裡」。

「抓住機會，即使能力不高，也可能成功」與「在風口上，豬也會飛」。

「同時實現多個目標」與「一石二鳥」。

「拿在手裡的機會才是最重要的」與「雙鳥在林，不如一鳥在手」。

「敵人現在很害怕」與「敵人如驚弓之鳥」。

「不要第一個出風頭」與「槍打出頭鳥」。

「早點行動更加有機會」與「早起的鳥兒有蟲吃」。

「Wi-Fi對健康不好」與「Wi-Fi會殺精」。

舉這麼多例子，其實就是想說一句話：我們在寫文案的時候，不要只追求文字的優美，去深究文章的對仗、押韻這些細枝末節，你最應該追求的是文字的共鳴感和場景感，假如做不到共鳴感，你也應該先做好場景感。

前期做不到很正常，不要怕踩坑，不要怕失敗，就像我最喜歡的音樂人李宗盛為New Balance創立十週年拍攝的短片中，所說的那句話：「人生沒有白走的路，每一步都算數。」

12 說故事的「四、三、二」步法

《人類大歷史》一書裡提出過這樣一個觀點：「人類之所以會成為萬物之主，是因為人類會講故事。」足見會聽故事、講故事，已經成為我們人類區別於其他動物的特質。

人類還未發明語言前，就已經會用圖畫的形式講故事了，比如我們常見的史前壁畫、圖騰等。人類用壁畫來講述天象、神跡、生產勞作的故事，用圖騰來記錄家族部落的發展歷程、祖先輝煌的功績。與其說人類社會是由歷史構成，不如說人類社會是故事所構成。

回想一下，每個人的小時候，或許經常聽爸媽講故事，我們聽著故事入眠；步上學時，課本裡各種名人、偉人、英雄的故事，構成了每一代人的共同記憶；步入社會，有人會講公司的故事，我們也主動尋找教導我們如何與上級和同事融洽相處的故事、如何讓客戶信任我們的故事，這些故事讓我們獲益匪淺；待我們老了，還會給孫字輩講我們年輕時的故事。可見，故事貫穿我們的一生，在人類社會生活中無處不在。

而在實用方面，作為一個職場人，你要求升職加薪，需要向老闆講述你與公司的故事；作為一個創業者，你想獲得融資，需要向投資人講述你的創業故事；作為一個想靠寫作創造人生價值的人，你更需要向你的讀者講述各種打動人心的故事。

但是我接觸的很多人中，在講故事、寫故事的時候犯難的不在少數。有些人是不知道怎麼講故事、寫故事；有些人自以為很會講，卻把故事講成了「事故」。想要寫出一篇好的文章，你不僅要會聽故事，更要學會講故事。

既然講故事如此重要，那麼接下來我就帶領你學習如何把故事講好。我自己使用的構思故事的方法非常簡單實用，我將其概括為說故事的「四、三、二」步法——四步搞定故事、三點完善故事、兩招引爆故事。只要掌握這幾個步驟，你今後就不必再為講故事、寫故事犯難了。

四步搞定故事

金庸先生的武俠小說《神雕俠侶》可謂家喻戶曉，那麼你可曾思考過一個問題：如果讓你用一分鐘的時間來說明《神雕俠侶》是一個什麼樣故事，你會如何描述？

這個問題，我在做培訓授課的時候也問過現場的學員，大多數學員都能總結出：《神雕俠侶》講的是楊過在古墓裡遇到小龍女，然後兩個人相愛了，之後兩人因為種種誤會而陰差陽錯地分開，最後又在一起的故事。

是的，這的確就是金庸先生在《神雕俠侶》中講的故事。為什麼我在這裡講故事框架要提到金庸先生的《神雕俠侶》呢？且聽我細細道來。我沒有什麼寫作基礎，也不怎麼喜歡閱讀，最喜歡看的書就是金庸先生的武俠小說了。由於工作需要和個人興趣，我開始研究寫作，但可以讓我認真坐下來、靜下心研究的也就只有金庸先生的小說了，而不研究不知道，愈研究愈發現有門道，愈品味愈覺得有滋味。

我以前看小說只關注微觀情節，通常的看書狀態是：「啊，這裡男主角怎麼不把話說明白？」或者「男女主角為什麼要聽信小人讒言，以致錯過彼此」。也就是說我只關注情節本身的跌宕起伏，而我相信，大多數人看小說時也是如此。

開始研究寫作後，我學著跳出原來的思維模式，不僅僅著眼於微觀情節，而是從宏觀的角度、從整個故事的發展脈絡來把握情節的走向。慢慢地，我發現金庸先生寫的每本書都是有規律可循的，男主角什麼時候遇到女主角、什麼時候跳崖、什麼時候發現武功祕笈等，都有套路可循。

我把這些套路總結成了「四步搞定故事」，也就是透過四步驟來構思故事的框架。接下來，我將繼續用《神雕俠侶》的故事情節來分別闡述這四步驟具體而言該怎做。

第一步，一句話。指的是用一句話概括故事的開始和結果。在《神雕俠侶》中，便是講楊過和小龍女從相識到相愛、相知的故事。

第二步，定衝突。這其實就是給故事中的男女主角「加戲」，製造一些意外和麻煩。好比在《神雕俠侶》中，衝突便是「有一天，小龍女突然不見了」。如果讓男女主角相愛相守得那麼容易，豈不就直接劇終了？這樣一來故事就索然無味，情節沒有起伏，讀者也不會有太大的興趣讀下去。因此，我們要學會給主角

「加戲」，製造一些衝突點，使情節跌宕，使內容生動，吸引人們的眼球。總而言之，定衝突對於一個精彩的故事來說是非常關鍵的，衝突是故事的靈魂。

第三步，給理由。在第二步「衝突」的基礎上，我們必須給出一個合理的解釋，來「圓」這個衝突。既然已經定好讓小龍女消失的「衝突」，你就要給出一個理由，為什麼小龍女會消失。因此，可以見到金庸先生在小說中用了大量的篇幅講述楊過和小龍女分開之後發生的事，而這些描寫就是「給理由」，詳細闡釋小龍女消失的原因，即「圓」這個衝突。

第四步，來組合。簡言之就是把上面的三個步驟所包含的內容進行排列組合。，經過此步驟，就形成了《神雕俠侶》最終呈現的故事：楊過在古墓裡遇到小龍女，然後兩個人相愛了（一句話），之後小龍女和楊過因為種種原因（給理由）陰差陽錯地分開了（定衝突），最後又在一起（一句話）。

經過這麼一分析，聰明如你，相信已經恍然大悟，其實寫出一個精彩的故事並不難。我分享一個我自己的案例，〈偷看你朋友圈這件事，要被微信拆穿了〉這篇文章裡有一段是描寫友情的，我就是用這四步。這個案例就是運用此故事框架，那段故事情節是這樣的：

無論什麼時候回去，昊哥都會來接我。可是有一次回去的時候，習慣性地打電話讓他來接我，他卻說他可能來不了。說是約了一個妹子。結果，我下車之後，遠遠地便看到一個熟悉的身影——昊哥來接我了。

我們用四步來簡單分析此故事情節。

第一步，一句話。「我什麼時候回去了，我的朋友昊哥都會來接我。」交代了「昊哥」這個人物與「我」之間的關係，就是「會接我」，而且「無論何時」。

第二步，定衝突。「有一次我回去，吳哥忽然說他不能來接我了。」這就很奇怪了，無論何時都會接我的昊哥，這一次竟然不來接我，這是為什麼呢？

第三步，給理由。「說是約了一個妹子。」

第四步，來組合。我將這些設定排列組合起來，一個故事的基本框架就出來了，形成了前述的內容。透過這個故事，來表達我和昊哥之間深厚珍貴的友情。

而後來我是這樣寫的：

我有個朋友叫王昊，我們從初中認識到現在九年了。他留在我們生活了十幾年的小城，我來了北京。

上個月我回家補辦身分證，買的是臥鋪最上層，剛把東西放好，躺在床上的時候給他打了一個電話，我說：「昊哥，我晚上十點到，有空嗎？接接我。」

「沒空，你昊哥今天要約妹子吃飯。」

「行行行，我就不破壞昊哥您的好事了，我打個車回去。」後來我在火車上睡著，睡醒了拿出手機一看，十點半了，一激動從床上起來，哎喲，碰頭了。

捂著頭正疼的時候，乘務員過來了，我說：「大姐，是不是鄒城站過了？」她語氣像是我欠了她五百萬一樣：「今天火車誤點了，還沒到，到站的時候會有人叫你的。還有，別叫我大姐。」

「好的，大姐。」

到了十二點，火車終於到站了。我跟著人群行進，被擠出了車站。出了門，正準備打車的時候，就看見了在門口的昊哥，他蹲在檯子上，吊兒郎當地抽著菸。附近一地的菸頭，一年沒見，他頭髮短了，人也瘦了。

正想叫他的時候，他開口喊：「小子，你坐的這破火車又誤點，害老子白等兩個多小時。」

我感動得熱淚盈眶。我問：「昊哥，你不是約妹子吃飯嗎？」昊哥把菸扔在地上，用腳輾了輾，說：「妹子哪有我兄弟重要。」我看著昊哥，我和他一年來基本不聊微信，不按讚朋友圈，甚至也沒有微信群組。現在他為了接我連妹子都可以不約。昊哥叼著菸說：「你看我好一會兒了，你小子是不是喜歡上我了？」

我兩眼含淚，大喊：「昊哥，走，咱們去吃燒烤。」

微信出了「不常聯繫朋友」的功能以後，昊哥的微信一定會在這個名單裡，可真正的朋友，一定需要常聯繫嗎？常聯繫的又真的是朋友嗎？

我認為朋友的衡量標準，不是以我們多久聊一次天、按對方幾次讚決定的。而是每次需要你、找你的時候，你都像往常一樣，對著我噓寒問暖，對著我罵罵咧咧：「你個小崽子，終於想起老子來了。說吧，幾點的車，我去車站門口等你。」

三點完善故事

前文介紹的僅僅是故事框架，無論是從篇幅的長短、內容的飽滿度，還是故事吸引人的程度上來說，都還不夠充分，因而要使故事豐滿、吸引人，還需要透過這三點完善故事。

第一點，交代故事背景；第二點，補充核心資訊；第三點，觸發情緒爆點。

我們仍以〈偷看你朋友圈這件事，要被微信拆穿了〉這篇為例，故事中核心的一句話就是：無論我什麼時候回去，我的朋友昊哥都會來接我。

如果文章中平白無故地直接跳出來這句話，讀者肯定會很疑惑：為什麼昊哥會來接我？我和昊哥是什麼關係？我和昊哥之間有過怎樣的故事？所以，為了不讓讀者產生這樣的疑惑，我便需要對故事進行補充和完善故事。

第一點，交代故事背景。我直接在開頭交代了故事背景，包括我和昊哥的關係是朋友，從初中認識到現在九年了；還有我是因為要補辦身分證而回去，回去時是乘坐火車……透過交代背景，讓接下來的情節發展順理成章、水到渠成。

第二點，補充關鍵資訊。在這個故事裡，我回家乘坐的那列火車誤點了，這就為後來昊哥在火車站比平常多等我兩個小時埋下伏筆。

第三點，觸發情緒爆點。比如文章中寫到在出站口看到昊哥，看到「一地的菸頭」，還有昊哥喊出「小子，你坐的這破火車又誤點，害老子白等兩個多小時」。透過對這些細節、對話的描寫，暗示昊哥等了很久，雖然口中抱怨，但不過是摯友之間特有的寒喧方式罷了，有一種說不清、道不明的親切感，既刻畫出人物形象，也表現了這篇文章的主題——真正的朋友不一定要常聯繫。透過這樣的細節描述，深化感情，引出最終的主題，從而講述了一個好故事。

這裡要強調一點，撰寫依託於現實產生的非虛構故事更易感動大家，我們要謹記文字創作來源於生活，且要略高於生活。而前文中的昊哥，就是以現實事件作為基礎撰寫的。

用這三點去套自己平時看過的小說和影視作品，會發現這些點通常也一個不落地出現在小說和影視作品中。

比如經典的電影《鐵達尼號》，女主角蘿絲開始回憶後，故事背景就此鋪陳開來。蘿絲是和未婚夫卡爾一同登上鐵達尼號，但她並不愛卡爾，他們的結合只是為了家族利益，而男主角傑克是一個落魄畫家，因贏了一場賭局而上船。

補充關鍵資，即是「海洋之心」項鍊。卡爾送蘿絲項鍊「海洋之心」以討其歡心，後來傑克作畫時，蘿絲就戴著它。卡爾陷害傑克便是汙衊他偷了「海洋之心」，而將之鎖起來。最後，年邁的蘿絲在故事的最後將「海洋之心」投入海中。

觸發情緒爆點，則是傑克被鎖在下層船艙時，蘿絲不顧生命危險返回營救他。蘿絲從只有上流人物才能坐的救生艇上返回陪伴傑克，兩人在冰冷的海水中天人永隔，其間夾雜著鐵達尼號因海水灌入而失衡的驚險畫面，刺激著觀眾的視覺、聽覺、情緒。

透過交代故事背景、補充關鍵資訊、觸發情緒爆點這三點，不僅能使文章的篇幅得到擴充，還能使文章的內容更加充實。需要著重強調的是，一定要學會利用「觸發情緒爆點」，用得好便能很快地帶動讀者的情緒，使文章的情感濃郁飽滿，也使讀者身臨其境、感同身受。

兩招引爆故事

透過四步搞定故事和三點完善故事，整個故事的內容基本上已經確定，最後就要看這個故事該如何講了，這也就是接下來我們要講的最後一部分——兩招引爆故事。

引爆故事的第一招，打亂順序。

我特別喜歡將我的寫作套路與學生時代學到的作文技巧進行類比，因為我認為大道至簡，關於寫作的大部分技巧，我們在學生時代就已經學過了。學過甚至是學會都很容易，而真正掌握並會運用又是另一回事，接下來我將帶領你學習如何運用我們本已熟悉的敘事手法。

小學時我們就學過敘事手法，一共分為三種：順敘、倒敘、插敘。而「打亂順序」其實就是將本來運用「順敘」手法描述的事情，改成用「倒敘」或「插敘」，甚至兩者結合的手法來進行描述。

我曾寫過的一篇爆紅文章，叫〈曾幫我打架的兄弟，現在和我不再聯繫〉，講的是我和朋友強哥的故事，內容包括以下幾點：

學生時代強哥幫我打架。

二〇一六年我路過德州站，強哥給我送東西。

二〇一七年強哥結婚，讓我參加他的婚禮，我沒時間。
強哥結婚後來北京看我，我沒時間。

如果按照時間先後的「順序」手法來寫，就應該是這樣的：

強哥幫我打架。
我路過德州站，強哥給我送東西。
強哥打電話讓我參加他的婚禮，我沒時間。
結婚後，強哥來北京，我沒時間。

然而，這樣平鋪直敘，就顯得結構簡單、索然無味、毫無亮點，勾不起讀者的閱讀興趣，所以最終定稿的順序是這樣的：

強哥打電話讓我參加他的婚禮，我沒時間。
結婚後，他來北京，我沒時間。

強哥幫我打架。

我路過德州站，強哥給我送東西。

相信你已經看出來了，我將原來按照時間順序發展的故事片段打亂了，整體使用倒敘的手法，其中又插敘了一個故事片段。這樣一來，讀者讀了開頭，就想瞭解「到底發生了什麼」，於是就會接著往下看，最終停不下來。

可見，「打亂順序」的方法可以使文章更加生動，給讀者造成強烈的懸念感，引人入勝，扣人心弦，也就是我們常說的「吊足了讀者的胃口」。

我是這樣寫的：

強哥是我最鐵的兄弟，現在在德州開了幾家手扒雞店。

前段時間，強哥給我打電話：「老三，我下週四結婚，你得來當伴郎。」那段時間我正處於低潮期。稿子寫得不夠好，業務也被同事輾壓，不敢放鬆一分一秒，也不好意思請假。

我對著電話支支吾吾地說：「強哥，我可能去不了。」

後來強哥說：「孫濤從美國都飛回來了，咱們兄弟三個好久不見了，你能試著請假嗎？」

我打開電腦，看了一下文章的排程表，週三那天正好排的是我的稿子。我想了想，還是說工作這邊太忙，不能去。然後我忙補充一句：「強哥，我就不去了，禮金我讓他們捎過去。」

他的語氣一下就變了，聲音忽然變得很低：「我又不是為了要你的錢，他在美國讀書，你在北京工作，我們三兄弟好久沒聚齊過了。」

後來我也沒去。我安慰自己，都是兄弟，他可以擔待的。

結婚後的第四個月，強哥帶著媳婦來北京旅遊，給我打電話說來北京玩三天。強哥說好久不見我了，想喊著我一塊兒吃個飯，還帶了一點東西給我。我說沒問題，你們兩口子來北京了，我怎麼都得好好招待你們。

強哥來的那天是週四，我們的公司要定月計畫，到家時差不多是淩晨三點。我躺在床上想：讓他們兩口子這兩天先玩一玩，週六的時候我再去找他們。

週五下午，本來之前定好去參加的一個新媒體交流活動的主辦方給我們打電話，活動的檔期改到了這個週六，請我們盡量早晨九點之前到。

那個下午我給強哥打電話，說我這裡忽然有個急事，不能陪他了。強哥說沒事，以後機會多的是。我當時特別愧疚，卻在心裡安慰自己，都是兄弟，他可以擔待的。

四個月後，我刷朋友圈時看到了強哥曬出孩子的滿月照片，我才知道強哥剛辦完滿月酒。我愈想愈難受，晚上便給強哥打了一個電話，問他怎麼沒叫我。強哥說，他感覺我忙，處於事業上升期，應該全心發展事業，讓我不要多心。再說又不止生這一個，下次生二胎的時候會叫我。

強哥和我打電話的時候還是嘻嘻哈哈，但不知道為什麼我感覺我們之間的距離愈來愈遠了。後來慢慢有點疏遠，強哥也不給我的朋友圈按讚了，他也很少在我們的那個群組裡吹牛了。

我因為這件事心情特別不好，週末在床上躺了兩天。我知道「都是兄弟，他一定可以擔待一些的」這句話已經安慰不了我了。那時候我模糊而清晰地發覺我和強哥之間的關係有了一個難以修補的裂縫、一條不可跨越的鴻溝。

星期一上班的時候我起晚了，上班途中路過一所國中，裡面的少年穿著藍白相間的校服，男生們三五成群地在斑馬線上走著，像極了國中時的我們。

我想起了國一那年的我們。剛開學時我和強哥同班，當時還不是特別熟。我被幾個社會上的混混勒索，收「保護費」，那時候我沒給他們。結果有一天放學，七、八個混混一起在學校門口堵我，幾個人把我拉到學校旁邊的小樹林，說要打到我聽話為止。

那天強哥正好路過，走到我前面，看了我一眼說：「別慌，有我呢。」轉過頭又對混混說：「幾個兄弟，我是跟西關的東哥混的，我兄弟得罪你們的話，我給你們賠禮道歉，今天給我個面子，放我兄弟一馬。」說完，不等混混回應就轉過身來朝著我咧嘴笑，然後就要帶著我走。

我在那裡不敢動。他說：「你愣著幹啥？我這都擺平了，找個地方請我吃飯去吧。」他話音剛落，幾個混混就把棍子掄到強哥身上了，邊砸邊喊：「你是個什麼東西，還給你面子！」我連忙上前護住強哥。

就這樣我和強哥都被人揍了，被揍得鼻青臉腫。晚上我和強哥在學校附近的一個燒烤攤，拿著身上僅剩的五十元錢，要了一盤水煮花生和幾瓶酒。我們一人拿著一瓶啤酒，碰完以後，看著對方像豬頭一樣的臉傻笑，然後一飲而盡。

那時候我就感覺強哥會是我一輩子的兄弟。

那天我沒去上班，我給主管發了請假的簡訊。還沒等她回覆，我就迫不及待地買了去德州的車票，我想去找強哥當面說清，我不想失去強哥這樣一個兄弟。

兩點多到了德州站，我想著給強哥一個驚喜，就沒打電話讓他來接。出了高鐵站，按照強哥經常在朋友圈定位的地名打了一輛計程車，上車坐了十五分鐘還沒到。我記得上次強哥說從他家到高鐵站只要五分鐘。

我以為是司機故意繞路宰我，就拿出手機地圖，輸入強哥家社區的名字，螢幕上顯示從高鐵站到社區有二十八．五公里。

我想起了二〇一六年十二月中旬的時候，晚上九點我從濟南坐車去北京，中間經停德州，大概停五分鐘，那天我發朋友圈說自己又要去北京了。強哥在下面留言：「我們好久不見了，不然你在德州停的時候我去找你吧。反正高鐵站離我家不遠，開車五分鐘。」

到了德州停車的時候，我剛出車門就看見強哥在那裡等著。那天特別冷，我穿著加厚版的大衣都凍得難受。

強哥左手提著兩盒手扒雞，右手拿著一盒菸，看見我下車就趕緊遞給我說：「這是你以前最喜歡抽的白將軍，天冷，抽根暖暖身子吧。」那天一根菸剛抽了三分之二，即將關門的廣播就響了，我拿著強哥給的手扒雞上車了。

現在看了地圖我才知道，原來強哥說的不遠，是二十八．五公里；說的開車五分鐘的路程，其實要開一小時。

晚上九點多，零下十幾度的天氣，二十八．五公里的距離，一個多小時的車程，來換我三分之二根菸的時間。

我當時的心情特別複雜，既後悔又愧疚，強哥對我這麼好，我卻因為各種事錯過他的婚禮，錯過了他人生中最大的幾件事。

錯過了他跪著拿著戒指對新娘求婚；錯過了當他生命中僅此一次伴郎的機會；錯過了他端起酒杯對著賓朋滿座，感謝他們的到來和支持的時候；錯過了他初為人父，舉起女兒的時刻。

在車上我就哭了。我感覺特別對不起強哥。司機從後視鏡裡看見在後座上哭泣的我，遞給了我幾張紙巾，用一種過來人的口氣說：「孩子，你還小，不值得為女人這麼傷心。」然後把音樂換成了《愛情買賣》。司機把我逗笑了。

那天晚上到了強哥的家，強哥看到我先是驚訝，後來很平靜地走了過來，接過我的包，然後用力拍了拍我的肩膀說：「兄弟，你來了。」

晚上，我和強哥各自拿了一瓶啤酒，碰瓶，一飲而盡。像極了國一那年的那個晚上，我倆鼻青臉腫地在燒烤攤拿起酒瓶的時候。

人這一輩子大概有兩萬六千兩百九十八天，六十三萬一千一百五十二小時。在這漫長的歲月裡我們會接觸數萬人，百分之九十九．九九九的人都是我們生命裡的過客。真正的好兄弟、無話不談的朋友只有百分之〇．〇〇一，然而這極其難得的〇．〇〇一，我們都極少去珍惜。

因為，在我們眼裡他們是我們的兄弟，無論我們做了什麼，他們都不會有一點點介意，我們可以不用考慮他們的任何感受。

曾經我以為是兄弟就可以肆無忌憚，嘴上說我是把你當兄弟才這樣對你，才可以放你鴿子，才可以沒有任何心理負擔地拒絕你。但其實他們也會介意，也會難過，也會失望。友情就像是愛情一樣，也需要經營，也需要付出，也需要噓寒問暖。

我們總是把自己最差最不堪的一面給我們最親切、漫長歲月裡只遇見百分之〇．〇〇一的人，而把最好的脾氣、最好的禮貌給了我們生命裡百分之九十九．九九九的過客。

我們總是想討更多人的歡心，除了我們生命裡最重要的那〇．〇〇一的人。

其實，這種打亂順序的敘事手法，不只是在寫文章上能用，有很多經典的電影、電視劇情節，也是採用這種手法，使劇情更加引人入勝。

我個人非常喜歡的一部經典的好萊塢電影，片名叫《四海兄弟》，它就是運用倒敘的手法，並在影片中多次使用插敘，製造出時間的交錯，給觀影者強烈的感官刺激。

還有二〇一七年收穫了七座奧斯卡獎盃的《樂來越愛你》，在故事結尾部分插敘了如果男女主角在一起將會發生的甜蜜的事情，與現實兩個主角勞燕分飛、女主角雖然實現理想但與不愛的人結婚形成衝擊。那些甜蜜幻想的插敘刻畫，給予觀眾希望，但最後鏡頭又將情節拉回女主角和丈夫離開男主角的酒吧的現實，令觀眾的希望破滅。插敘的運用使觀眾置身於亦幻亦真的境地，分不清到底哪個是男女主角的真實結局，強化了觀眾的「希望」，希望愈大，失望就愈大，因而最後女主和丈夫離去給觀眾帶來的清感衝擊也就愈大，作為電影結局，這樣的表達更是讓人回味無窮。

引爆故事的第二招，場景演繹。

在寫故事的時候，不僅不能平鋪直敘，而且要有現場感。何為現場感？如果當讀者讀你的故事時，會在腦海中形成畫面，並且最好這個畫面是一個讀者熟悉的場景，那麼你就實現了現場感。這樣一來故事就會很有代入感，都感同身受了，你還怕讀者不喜歡你的文章？

要實現「現場感」的方法，正是靠場景演繹。

場景演繹，是指當你在寫某個場景的時候，要將自己帶入那個場景裡。比如你需要考慮：場景裡的人是男性還是女性？他的神情面貌是什麼樣？他在幹什麼？他的旁邊有什麼？

這時你可以閉上眼睛冥想，將你想成是他，他可能會做什麼，你就做什麼。因為此刻，他是你，你也是他。寫文章時就根據你代入的人，他告訴你他會怎麼做，你就怎麼寫。

再拿〈偷看你朋友圈這件事，要被微信拆穿了〉這篇文章為例。我在寫昊哥在出站口等我時，沒有直接寫他等了我很久，而是寫他附近一地的菸頭，透過對文中場景的描寫，來間接表現昊哥等了我很久，給讀者以身臨其境之感，這就是場景感。

我在寫作的時候，幾乎不會直接說「我很開心」、「我很難過」、「我很焦慮」諸如此類的話，而是會透過一些人物之外的場景的描寫來表現這些情緒。

如果我想表達焦慮，我會這樣寫：

> 那天晚上，我躺在床上，翻來覆去，燈開了又關，關了又開，一夜未眠。

雖隻字未提「焦慮」，但「翻來覆去」、「燈開了又關，關了又開」、「一夜末眠」明顯是焦躁不安、情緒起伏大的人才會表現出來的行為，透過這般場景的描繪，能夠充分表現主人公情緒的不安。再比如為了表現一個女生失戀了、很難過，我會這樣寫：

浴室裡咖啡色的短髮明顯不是我的，床單上還有他固執的氣味，哪怕是一起養的小狗，名字都是他取的，為什麼他人離開了，卻如此健忘，不把這些東西一起帶走？

文中不說難過，但透過「浴室裡的頭髮」、「床單上前男友的氣味」、「小狗的名字」這些場景，表現出前男友雖然離開了，但他停留過的痕跡無處不在，環繞四周，久久揮之不去。我主人公的情緒近乎崩潰，希望他能將這些一起帶走。而這些場景描述僅僅只是場景嗎？不，其實是我的回憶、我的心。只有說不出的難過，才是難過的極致。

這就是場景感，你不需要明確表示情緒如何，而是透過對場景的描述，間接地表明感情的色彩。這樣的方法能使讀者自覺進入你設計的場景中，身歷其境，彷彿是讀者在親歷這件事情。

這裡需要再提示一個技巧：文字的表達力其實是有限的，當文字無法表達的時候，可以用圖片、影片去呈現，這些也是場景感的展現手段。

總結前述的內容，寫出一個好故事要分三步走，即說故事的「四、三、二」步法，分別由以下內容構成。

第一個步驟，四步搞定故事：一句話、定衝突、給理由、來組合。首先用一句話概括故事的開頭和結尾；其次給故事中的主角「加戲」，製造一些意外和麻煩，使情節發展不那麼順利；然後再在第二步「衝突」的基礎上，給出合理的解釋；最後把前面三步所包含的內容進行排列組合，使故事完整。

第二個步驟，三點完善故事：交代故事背景、補充核心資訊、設計情緒爆點。首先交代好故事發生的背景，包括主角的關係等；然後可以補充與故事情節息息相關的資訊；最後找到一個觸發情緒爆炸的點，使讀者產生強烈的共鳴。

第三個步驟，兩招引爆故事：打亂順序和場景演繹。想要讓故事更生動，在敘述故事情節時可以使用非順序的寫法，即不需要按時間的發展順序來鋪陳；在描寫人物、景物時，可以還原「場景」，用場景來表現你要傳達的情緒，而非直接描寫人物的情感。

只做到前面兩個步驟，就已經可以把一個精彩的故事構思得幾近完整，你基本上可以寫出一個八十分的故事了。如果能再做到、做好第三個步驟，就能完成一個一百分的故事，下一篇爆紅文章，就是你的。

變現篇

如何透過寫作變現？

13 寫作變現的五種進階途徑

靠寫作賺錢的五種進階途徑分別是寫軟性文案、分享知識內容、開設寫作課程、出書，以及提供一對一諮詢。我會分享一些我的個人經驗，希望能提供一些指引和幫助。

途徑一：寫軟性文案

除了寫常規的文章進行投稿以外，你也可以嘗試去接寫廣告文案的業務，我這裡特別強調的是軟性文案。為什麼要選擇寫軟性文案，而不是像在一些電商平台上賣東西一樣，直接寫商品詳情呢？因為這和讀者的閱讀環境有關。

可以想一想，當你看一篇文章的時候，通常是懷著什麼目的？應該是希望獲取某些知識，或者獲得情感的滿足吧？如果你一點開看到的就是像商品詳情，你肯定會直接退出不看了。同理，你的讀者也是如此。

所以，要把軟性文案寫好，透過文章的內容，讓讀者有知識上的獲得感，或者情感上的滿足，從而不知不覺地被代入你要行銷的商品中，這樣就更容易吸引讀者。在這種情況下，如果你的商品能進一步滿足讀者的需求，最後促成購買，也會比較容易。寫軟性文案與我們平常寫文章是有差別的，軟性文案的目的是希望讀者看完我們的文章之後，能產生付費購買的行為。為此，我結合文案界傳奇大師喬瑟夫·休格曼的著作《文案訓練手冊》，與你分享三個技巧。

第一個技巧是創造購買情境。

你有沒有想過，為什麼蛋糕店要用暖和的燈光？為什麼咖啡店要放柔和的音樂？其實這都是為了營造一種購買氛圍。比如，蛋糕店的暖燈可以帶給顧客溫馨的體驗，就像平常吃蛋糕時候的場景，比如生日、聚會、結婚紀念日等。

寫軟性文案也是同樣的道理，你要在你的文章中，給讀者創造一個購買的情境。假如你要推薦一支口紅，就要在文章裡描述各種用這支口紅效果很好的場景，比如和衣服搭配更漂亮、更襯膚色等；如果你推薦的是一件奢侈品，那就要描述比較精緻、高檔次的生活場景；如果是日用品，就要著重描述使用它的便利性。當你的讀者沉浸在軟性文案描述的情境裡，而你描述的場景很吸引他的時候，他就會更自然地接受你推薦的商品。

第二個技巧是講述商品故事。

很多人在寫軟性文案的時候，常常陷入一個誤區：把軟性文案當成商品詳情頁面、當成產品說明書來寫，羅列了很多產品的特點，還把產品捧得天花亂墜。結果讀者看完之後完全沒有共鳴，更沒有購買的衝動，有什麼用呢？

寫軟性文案和寫爆紅文章一樣，要做到自我表達與讀者需求相結合，也要和讀者產生共鳴。而講故事正是最容易引發讀者共鳴的。你可以講述商品生產的故事，或是品牌創始人的故事，甚至生活中使用這個商品的故事。把讀者代入故事之中，當他讀到你推薦的商品時，就會覺得這的確是自己需要的，從而產生購買行為。

所以你在寫軟性文案的時候，要像《文案訓練手冊》這本書裡提及的，每一個詞語都蘊含情感。比如，當我們在描述一種生活方式的時候，可能會用到「簡單」和「簡樸」這兩個詞語，但其實它們給人的感覺是不一樣的，要注意每個詞語給讀者什麼感覺。再比如，我們在文章中要多用「你」，而非「你們」、「大家」，這樣會讓讀者覺得你就站在他的對面，正向他緩緩道出一個故事。

第三個技巧是提高文案的完讀率。

《文案訓練手冊》一書中提到了兩個概念：第一個是「第一句話」，第二個是「滑梯效應」。

「第一句話」這個概念的意思是，文章的第一句話的唯一目的，就是讓讀者讀第二句話。

「滑梯效應」是在「第一句話」概念基礎上的延伸，也就是說，要讓讀者情不自禁地閱讀文章，從第一句到最後一句，根本無法停止閱讀，直到閱讀完所有的文字，就像從滑梯上面滑下來一樣。

其實，「滑梯效應」也就是我們平時說的要提高「完讀率」。讀者能讀完你的整篇軟性文案，就意味著文章已經抓住了他的注意力，當他讀到你推薦的商品時，不僅不會抵觸，還會增加些興趣，這樣行銷的機率就會提升。

途徑二：分享知識內容

當你寫出了多篇爆紅文章，投稿也被採用了多次，甚至還成功嘗試寫了幾篇軟性文案，這個時候，你需要靜下心來，整理或挖掘出你自己寫爆紅文章的技巧和心得。

這些心得最開始可能是零碎、不成體系的，比如透過整理自己寫過的好文章，提煉出獨門的選題技巧、標題套路，還有你的金句範本。

這些技巧你每天都在用，可能覺得很平常，但是對於一個愛好寫作卻缺乏方法和套路的人來說，是非常有價值的。這時便可以將你的這些心得透過免費或付費的方式分享，一方面也相當於沉澱自己，另一方面說不定還能給你帶來一筆可觀的收入。

你可能會問：我該把這些零碎的寫作心得分享在哪裡呢？又如何讓別人付費呢？。這時可以利用知識分享的應用程式，例如「知識星球」，你可以在這裡創建自己的「星球」，選擇免費或付費，設置對應的價格，填寫基本的資訊，就可以正式開始你的「付費內容」旅程了。你可以像在網路社群寫文章一樣，也可以把自己零碎的寫作心得和寫作技巧發表在這類平台，然後透過在朋友圈裡轉發，讓你喜歡寫作的夥伴或是粉絲進入你的星球，付費學習你所提供的內容。

途徑三：開設自己的寫作課程

你透過不斷歸納寫作心得、提煉寫作技巧，可以創造出自己的一套寫作理論體系。有底層邏輯，有方法論，有真實的案例，還能提供一些確實可行的範本和工具，這是你嘗試開設寫作課程的基礎。然而千萬不能只流於表面，認為學會幾個技巧、總結幾個套路，就可以隨意賣弄，這是禁不起推敲的，也是對別人的不負責任，還會因此而影響自己的口碑。

我們必須要深究事物的本質，找到底層規律。比如，我們可能已經知道選題的方法，那它們的底層規律是什麼呢？為什麼某一類的選題就容易成為爆紅文章呢？仔細回憶一下，你可能已經想到了，這就是我們在前面講的十大爆紅元素表，因為這些都基於人性和人心。內容在變，內容的承載形式在變，但人性和人心從來沒變過。

所以，有了自己的一套寫作理論體系，從道、法、術、器四個方面展開，有底層邏輯、方法論、真實的案例、可以即用的範本和工具，這時候你就可以籌劃自己的寫作課程了。

你可以尋求與知識平台合作，比如「千聊」。透過「千聊」的行銷工具，借助你在朋友圈進行銷售。

途徑四：出書

一提到出書，很多人可能會覺得很難。在我們的認知中，要不特別有名，要不特別有錢，只有這兩類人才能出書。其實，在網路時代，出書也沒有想像的那麼難了。最難的是你去寫一本書，而當你把書寫出來了，剩下的就不大困難了。

出書最好的路徑是，準備好自己的構思和文稿之後，直接找出版社的編輯。那編輯要到哪裡去找呢？首先，你要先了解出版社的編輯平時都活躍在哪些網站和平台。常言道，先有伯樂，然後有千里馬。你寫出來好的作品，要有人發現才能出版。

或是透過寫作平台，例如「簡書」。這是一個網路上的創作社區，任何人都可以在這裡進行創作，如果你的作品在這裡紅了，那出書就不難。除了等待出版社編輯發掘，你也可以與「簡書」官方合作出書，當然，這一切的前提是你的作品有得到認可和讚賞。

找到了有意願與你合作出書的編輯，就可以和他進一步聊作品了。內容的創作者當然是你，但編輯能夠給予你更多關於讀者需求的建議，讓你的作品的內容更加契合讀者的需要，給讀者帶來更多的指引和幫助。

我還特別想強調一點，就是書名的重要性。因為書名是讀者判斷購買你這本書的關鍵因素，更肩負著檢索功能，能夠讓更多的人透過關鍵字搜索知道這本書。想創作出一本暢銷書，書名是非常關鍵的一步，一定不可馬虎，要多和編輯溝通、打磨，多從讀者角度思考。

途徑五：一對一諮詢

當你有了自己的一整套寫作理論體系，並透過這個理論體系寫作多篇爆紅文章時，那就證明這個理論體系禁得起推敲。這樣就算是寫作這個行業裡的高手了，至少在網路寫作方面，你便是一個專家。除了可以透過開設寫作課程、出書來服務更多的人之外，你還可以提供一對一諮詢服務，為對方提供有建設性的解決方案。

該如何讓對寫作有需求的人找到你，進而接受一對一諮詢服務呢？可以利用網路上許多的知識共享平台，例如「在行」。使用者可以透過這個工具，約見不同領域的行家，與他們進行一對一的見面約談。

其實，這類知識平台的背後邏輯並非創新，而是向前輩進行諮詢，獲取他們的經驗和建議。少走彎路，是一種大眾已經熟知的「泛知識」獲取方式。

知識社群的平台是內容創作者連結粉絲、做好社群、實現知識變現的工具。當你在這類平台上積累了一定粉絲量，在你所在的行業內也有了一定程度的影響力時，就可以開啟一段新的「寫作變現」之旅了。

附錄篇

爆紅文章的變與不變

14 爆紅文章的社會性

在二〇一九新榜大會上，《GQ》出版人唐傑發表演講：

「我們可能是唯一一個年營收超過兩億元的公眾號。」

二〇一八年「GQ實驗室」產生了兩百八十多篇超過十萬的推文，合作了超過兩百個品牌，最貴的單品是一個私人發電機，價格三千萬元。唐傑沒有吹牛，「GQ實驗室」一年營收兩億元，的確是中國最賺錢的公眾號，沒有之一。

為什麼「GQ實驗室」最賺錢？因為它的文章受歡迎。為什麼它的文章受歡迎？其中一個很關鍵的因素就是它善於抓住社會大眾的心理，文章的社會性極強，因此能夠被迅速、大範圍地傳播。接下來，我們就一起解構寫作的社會性，如何寫出爆紅文章，成為下一個「GQ實驗室」。

從社會心理學角度來看，人是社會性動物，依賴社會群體而存在。人的社會性本質決定了我們的生活總是處於個人價值取向和社會要求遵循的價值取向之間緊張衝突的狀態中。而一篇爆紅文章，要迎合受眾的需要，同樣應具有社會性的特徵。

社會性並不抽象，它指的是個體不能脫離社會而孤立生存的屬性，即每一個人都生活在各自的社會小圈子之中，共存於社會大集體之下；同樣地，每一篇爆紅文章也並不是憑空產生的，它們都是社會生活的反映，是社會熱門議題的聚焦和發散，是依託於社會背景和使用者大需求的產物。

那麼，如何寫出這樣的文章呢？

案例一：從找話題到接地氣

毋庸置疑，「錦鯉」絕對是二〇一八的年度關鍵詞之一。二〇一八年十月二十三日，微信公眾號「今夜九〇後」的〈在這個從小躺贏到大的女人面前，楊超越真的不算錦鯉……〉是二〇一八年有關「錦鯉」的文章中，最熱門的一篇。瀏覽量突破一千萬，幾乎瘋傳所有社交媒體。

〈在這個從小躺贏到大的女人面前，楊超越真的不算錦鯉……〉這篇文章又是如何創造千萬瀏覽量的爆紅奇蹟呢？透過社會背景觀察發現，原來「錦鯉」話題的熱度早已經達到了一定的高度。

首先，「錦鯉」雖自古有之，但「楊超越」事件卻賦予了「錦鯉」新的生命力。在熱門綜藝節目《創造一〇一》中逆襲出道的楊超越，唱歌走音、跳舞落拍，還經常在鏡頭面前大哭，因為實力與人氣成反比，在完全靠粉絲投票定勝負的賽制中仍能名列前三，由此被網友認為自帶「錦鯉體質」。許多憤憤不平的網友甚至製作了「轉發楊超越，期末考試什麼都不會也能拿第三」的表情圖來嘲諷她，但效果卻正好相反，「楊超越錦鯉圖」出現在了相當一大部分人的朋友圈、微信頭像、微博首頁等網路社交空間上，「錦鯉」話題熱度由此升溫。

其次，二〇一八年九月二十九日，支付寶在微博上發布了「尋找中國錦鯉」的活動，微博用戶「信小呆」一躍成為「人形錦鯉」，令該話題瞬間突破二．五億次的點擊。在微博當中，「錦鯉」已經紅透全網。

再次，「錦鯉」作為調侃和希望的混合體，有一種亦正亦邪的氣質，能夠在短時間內擊穿社群，蔓延至各大平台。商家紛紛透過自己的平台，跟風模仿「錦鯉式行銷」，北京錦鯉、山東錦鯉、球鞋錦鯉、美妝錦鯉陸續誕生，更衍生出「講講你的錦鯉附體經歷」一類的熱門話題，促進了二次傳播。

最後，在社會話題熱度幾乎達到巔峰的時候，〈在這個從小躺贏到大的女人面前，楊超越真的不算錦鯉……〉這篇文章抓住社會輿論焦點、緊扣社會心理痛點，把握住了人性中隱藏的渴望不勞而獲的弱點，滿足了草根階級也可以逆襲成功的幻想。「今夜九〇後」的這篇文章借勢東風，應運而生，瘋傳的局面也就不難理解了。

我們從「錦鯉」話題不斷發酵中可以看出，要寫出社會性強的文章，首先需要保持對話題的持續關注。〈在這個從小躺贏到大的女人面前，楊超越真的不算錦鯉……〉這篇文章正是在對這一系列「楊超越現象」、「人型錦鯉信小呆」、「錦鯉式行銷」持續關注的基礎上，找對了切入點，才獲得了最終千萬的瀏覽量。因此，對話題關注必不可少，而關注話題的必要方式就是關注其他平台瘋傳的內容，看看同行都在關注什麼。

然而，抓住、抓準話題，還不足以讓你脫穎而出。為什麼〈在這個從小躺贏到大的女人面前，楊超越真的不算錦鯉……〉這篇文章能夠在一眾「錦鯉」文章中拔得頭籌？更是因為它抓住了社會大眾的心理。

我們都知道，在社交媒體上，有關「求好運」或者「抽獎」、「轉發得優惠券」的文章一般會被瘋狂轉發。但是要注意的一點是，同一篇文章在不同社交平台，其話題的接受度是不同的。「人型錦鯉信小呆」為什麼在微博瘋傳，但在微信平台就稍顯遜色？為什麼「錦鯉式行銷」在微信上看似熱門，但並沒有達到「爆」的程度？就是這個原因。

因為在大多數人看來，微博像是一個瀏覽新聞八卦的平台，就算在微博轉發什麼，也不會有很多好友關注；但微信是一個社交平台，朋友圈就如同一張名片，你發的東西就代表你的層次和品位。因此，有關「抽獎」、「轉發得優惠券」等內容的文章，難免給人庸俗的感覺，自然不會在個人「名片」式的微信朋友圈這樣的平台中被廣泛傳播，也就無法爆紅。相反地，「求好運」類的文章並不會讓人覺得庸俗，不過人之常情而已，自然讓〈在這個從小躺贏到大的女人面前，楊超越真的不算錦鯉……〉這樣的文章引爆了朋友社群間的話題。

除此之外，〈在這個從小躺贏到大的女人面前，楊超越真的不算錦鯉……〉這篇文章還抓住了重點，就是「接地氣」。這篇文章講的是作者從小到大的「錦鯉」故事，其中包含測驗、高考、就業等一系列普通人都會經歷的事，才會激發讀者的共鳴。與文章中講述的故事相比，「楊超越現象」更像是一個偶然、機率小的事件，畢竟不是所有人都會去選秀，更不是所有人都能成為楊超越，因此，該文章比「楊超越現象」更接地氣，更能激發一般人的興趣，因為一般人期待的「錦鯉」事件不是「出道」，而是「考試全猜對」、「誤打誤撞賺了大錢」之類的事情。

案例二：找準時機

在微信朋友圈中，有篇閱讀量非常高文章：〈謝謝你愛我〉。推出四天後，瀏覽量突破五千萬，按讚數超過三十五萬，僅在朋友圈轉發的次數就超過三百萬次，為公眾號「視覺志」帶來了約六十五萬的新粉絲。這篇文章也絕對擔得起微信「第一爆紅文章」的稱號。

起初，許多業內人士對這篇文章嗤之以鼻，甚至不屑一顧，主要是因為整篇文章寥寥數語，原創文字更是少之又少，圖片則占據了大部分比例。許多同行都非常疑惑：〈謝謝你愛我〉憑什麼取得了五千多萬的瀏覽量呢？相同題材和版式的文章比比皆是、屢見不鮮，甚至配有更動人的圖片，更深情的文字表述的文章也不在少數，為什麼唯獨〈謝謝你愛我〉一舉奪魁，堪稱奇蹟？

後來，我偶然翻閱自己的筆記時，發現了一個當時在微博評論區排在首位的句子，「我們連憤怒都憤怒不出來」，由此聯想到這篇爆紅文章推送時，當下發生的社會事件，頓時茅塞頓開。

在當年三月，一篇〈刺死辱母者〉的文章迅速瘋傳。女企業家蘇某遭多名討債者謾罵、毆打和侮辱，事件主角於某為了保護母親蘇某，致討債者一人死亡，其餘三人受傷。一時間，關於「法」與「情」的辯論充斥了輿論場。

百日不到，杭州一住戶家中發生大火，女主人及其三個未成年孩子不幸殞命，究其原因，竟是保姆盜竊、縱火！而這戶人家待保姆極好，只是這保姆嗜賭成性，最終釀成了人間慘劇。一個美好的家庭被撕碎，還牽連三個稚童，更牽動著社會大眾的心。

不久之後，剛剛從大學畢業的李某透過某招聘網站找工作，卻陷入傳銷組織的騙局，直至最後在天津靜海區一處水坑裡發現其溺亡的屍體……這一系列戲劇性的變化，刺痛的是社會大眾的心，破碎的是人們對社會的信任感。人禍可避，天災難逃。八月八日，四川省北部的阿壩州九寨溝縣發生七級地震。地震造成二十五人死亡，五百二十五人受傷，六人失聯，十七萬人受災，七萬多間房屋不同程度受損。陰霾繼續籠罩著社會大眾的心。最終，八月三十一日發生的「產婦跳樓事件」令社會的悲愴情緒達到了極點。

在這樣的社會背景下，〈謝謝你愛我〉這篇文章所傳遞出來的愛與溫情愈發顯得珍貴，將人們內心深處對美好的憧憬與希望重新喚醒，衝擊著人們內心最柔軟的部分。讀者被群體情緒所感染，因此將轉發、分享、評論、按讚的群體行為擴散到更多人群中，這是人的社會性展現，更是這篇爆紅文章的社會性的展現。

透過梳理〈謝謝你愛我〉成為爆紅文章的原因，我總結出以下幾點寫出直擊社會大眾心理的文章的技巧。

一、串聯相關熱門事件，梳理事件脈絡和大眾態度。例如〈謝謝你愛我〉就串聯了一系列的熱門事件，透過梳理它們之間的內在聯繫，即發現其激怒大眾的共同點，找到大眾的代表性態度，如前文提及的微博評論區排在首位的那句話，「我們連憤怒都憤怒不出來」。

二、找到社會大眾心理上的共同點後，需要做的就是瞅準時機，即找到大眾情緒被熱門事件引燃到極致的時刻，當大眾的負面情緒被觸發到無以復加，這便是適合的「時機」。

三、以上兩步完成後，接下來要做的就是寫作，而寫作的切入點就尤為重要。〈謝謝你愛我〉用樸實但溫清的語言「治癒」讀者被冷血的社會事件踐踏的心，從而受到大眾的歡迎。

我們在這裡可以借鑒的方法是，寫作的切入點可以是用一種與社會熱門事件觸發的大眾心理相反的情緒，從而來吸引大眾的關注。例如文章裡所表現的是「治癒」、「溫情」的情緒，讓大眾受傷的心獲得片刻安寧。

案例三：舊瓶裝新酒

義大利時裝品牌 D&G 在上海舉辦品牌大秀之前，為了宣傳造勢，其官方媒體在社交平台上發布了幾條標題為「起筷吃飯」的廣告片。但廣告片中，將中式餐具筷子稱為「小棍子形狀的餐具」、片中旁白所用的「中式發音」、傲慢的語氣，以及模特用筷子吃比薩的奇怪姿勢，均被中國網友認為存在歧視中國傳統文化的嫌疑。隨後，設計師史蒂芬諾．嘉班納在社交網站上公然發表辱華言論，引發輿論高度關注。最後，雖然品牌官方發布道歉影片，但輿論一致表示仍然不能原諒其行徑。

辱華事件持續發酵後，中國央視官方社群第一時間發布了一篇介紹「筷子是這麼用的」的廣告片。內容十分簡單：

媽媽用方言說的一句：「我們是中國人，中國人都會用筷子。」

爺爺給孫子夾菜時的一句：「好味道哦。」

被鄰居請去吃飯時的一句：「多個人多雙筷子。」

這一雙雙筷子，承載了中國數千年的情感。

其實這個廣告片是二〇一四年央視春節晚會的一個公益廣告，這次舊文新發，借此回應一切歧視中國傳統文化的行為。

從內容的角度看，不批判、不辯解，用事實來說話，態度強硬又不失風範，是最有力量的發聲；從形式的角度看，公益廣告聲畫同步，突破語言障礙，將筷子的正確使用方法和中國傳統文化精髓傳達四海，是最有內涵的回擊。

央視官方社群這次「新瓶裝舊酒」的方法用得十分巧妙。什麼是「新瓶裝舊酒」呢？事件或新聞是新的，但推送與新聞事件相關度極高的「舊文章」。然而「舊酒」其實並不舊，它本身就有經典性、代表性和可傳承性，才能被反覆裝在「新瓶」之中，如「筷子」這類中華傳統文化遺產。當然，也有一些「舊酒」只是舊文，只適用於當時的社會背景，不能成為新文章的核心主題。

因此，使用新瓶裝舊酒的方法時，「舊酒」的選擇至關重要。不僅要與當下新聞事件關聯度高、在核心主題上相互一致，還要非常經典，婦孺皆知，且被高度認同。

「筷子是這麼用的」便是在一片浪潮的愛國聲中，重新喚發了舊公益廣告片的魅力，傳播效果達到質的飛躍。「內因」和「外緣」俱全，央視官方社群的這篇爆紅文想低調也難。

案例四：歷久不衰的社會議題

我們還可以將「新瓶裝舊酒」的方法變形，應用在其他案例上。

二〇一八年九月，央視綜合頻道的節目《開學第一課》被網友推上排行榜。這檔由中國教育部與中央電視台合作的大型公益節目，從二〇〇八年開始於每年新學年開學之際播出後，第一次遭遇「滑鐵盧」，節目因被觀眾質疑強制觀看廣告、延時播放、廣告時間過長，甚至在網路社群受到瘋傳的「吐槽」。

事件發生後不久，〈歐巴馬：美國的開學第一課〉這篇舊文開始在社群網路瘋傳，因為中美「開學第一課」的教育反差，讓人們不禁開始反思社會教育問題，因而紛紛轉發，最終令這篇文章取得不俗的瀏覽量成績。

這篇爆紅文章的精彩之處在於：第一，它反映的是教育現象，折射的是社會教育的未來發展趨勢。它不是爆發性事件，而是持續受到關注的社會話題，與社會上的每一個人都息息相關，關注度自然就高。

第二，巧用「新酒」與「舊酒」的對照。這不是社會事件所呈現的事實對照，而是在內容和本質上的比照，直擊讀者痛點。

當然，這種方法適用於醫療、民生、教育、法制等歷久不衰的社會話題，能夠直擊本質、反映趨勢、對照新舊，讓讀者跟著寫作者的思路一起思考。

其實這類文章的爆紅，終究還是因為它內裡的運作機制仍然遵循爆紅文的社會性規律。判斷一篇文章能否爆紅時，能否展現社會性，是最重要的因素。

如果一篇文章針貶時弊、侃侃而談，但脫離群眾、曲高和寡，必然令讀者看得雲裡霧裡、不知所云；如果一篇文章著力痛點、娓娓道來，但所言之處有失公允，不符合社會群體價值觀念，也必然被讀者所拋棄。

所以，我們要將社會性注入文章當中，讓每一篇文章關注到社會的焦點。

超速寫作

30 秒寫出攻心關鍵句，零基礎也能成為文案行銷高手

作　　者／呂白

責任編輯／陳嬿守
副 主 編／陳懿文
美術設計／兒日設計
行銷企劃／舒意雯
出版一部總編輯暨總監／王明雪

發 行 人／王榮文
出版發行／遠流出版事業股份有限公司
地　　址／100 台北市南昌路二段 81 號 6 樓
電　　話／(02)2392-6899　傳真／(02)2392-6658　郵撥／0189456-1
著作權顧問／蕭雄淋律師
2020 年 7 月 1 日　初版一刷
2021 年 4 月 10 日　初版二刷

定　　價／新台幣 360 元（缺頁或破損的書，請寄回更換）

ISBN 978-957-32-8822-0

YLib 遠流博識網 http://www.ylib.com E-mail: ylib@ylib.com
遠流粉絲團 https://www.facebook.com/ylibfans

國家圖書館出版品預行編目 (CIP) 資料

超速寫作：30 秒寫出攻心關鍵句，零基礎也能成為文案行銷高手／呂白著 . -- 初版 . -- 台北市：遠流，2020.07

面；　公分

ISBN 978-957-32-8822-0（平裝）

1. 廣告文案　2. 寫作法

497.5　　109008003